성균관 학생 최열성 이야기

나의 장소 이야기 ❷ '교육의 장소편'

성균관 학생 최열성 이야기

초판 1쇄 인쇄일   2024년 4월 18일
초판 1쇄 발행일   2024년 4월 25일

지은이   주경식
펴낸이   최길주

펴낸곳   도서출판 BG북갤러리
등록일자   2003년 11월 5일(제318-2003-000130호)
주소   서울시 영등포구 국회대로72길 6, 405호(여의도동, 아크로폴리스)
전화   02)761-7005(代)
팩스   02)761-7995
홈페이지   http://www.bookgallery.co.kr
E-mail   cgjpower@hanmail.net

ISBN 978-89-6495-292-4 03980

* 저자와 협의에 의해 인지는 생략합니다.
* 잘못된 책은 바꾸어 드립니다.
* 책값은 뒤표지에 있습니다.

나의 장소 이야기 ❷ '교육의 장소편'

성균관 학생 최열성 이야기

주경식 지음

BG 북갤러리

주인공이 경험하는 여러 장소를 이야기의 전개에 따라서 설명하는 방식으로 기술하였다

우리나라 사람들은 교육에 깊은 관심을 가지고 있고, 교육은 양호한 환경을 갖춘 좋은 장소에서 잘 이루어진다. 필자는 그 '교육의 장소' 중에서도 조선왕조 500년간은 물론, 지금도 우리의 일상생활에 큰 영향을 주고 있는 유교의 예학과 그 교육이 이루어졌던 장소인 '성균관(成均館)'을 살펴보았다. 그런데 성균관이란 장소를 기술하는 글은 딱딱하고 재미가 없어서 동화의 형식을 빌려서 쓰되, 그 동화의 주인공인 '성균관 학생 최열성'이 경험하는 여러 장소를 이야기의 전개에 따라서 설명하는 방식으로 기술하였다.

이 동화는 필자가 어렸을 때, 겨울밤에 등잔불 옆에서 바느질하시는 어머니를 조르고 졸라서 들은 이야기 중의 하나로, 눈이 크게 확 떠지며 잠이 달아날 정도로 재미있던 이야기였다. 그 이야기 끝에는 "여우는 무척 꾀가 많은 동물로, 오래 살면 재주를 부려서 사람을 홀려 혼을 빼서 끌고 가기 때문에 조심해야 한다."라는 것과 "사람은 누구든 착하게 살면, 끝에 가서는 하늘이 큰 복을 주어서 행복하게 된다."라는 권선징악(勸善懲惡)의 가르침이 어머니로부터 따라왔다.

여하튼 이 책의 이야기는 두 개의 큰 축(동화의 축과 지리학의 장소 설명 축)이 함께 전개되기 때문에, 이야기의 연결이 매끄럽지 못하고 중간 중간 끊어질 수 있다는 문제가 있지만, 동화 쪽에 무게를 두고 읽으면서 장소 설명을 참고하고 가면 나름대로 해결될 것이다.

성균관은 유교의 교육, 즉 공자와 맹자 등 여러 성현의 가르침을 받들고, 배우고, 실천하기 위하여 설립한 고려 이후의 최고 국립 교육기관이다. 근세조선 시대부터는 '한양에서 가장 착한 장소(이를 수선지지(首善之地)라 한다)'에 성균관을 세워서 국비로 인재들을 길러냈던 곳이다.

성균이란 '성숙하지 못한 젊은이들을 잘 이끌어 성숙하고 완성된 인격체를 이루게 하고, 고르지 못하고 들쑥날쑥한 사람들의 생각과 행동을 고르고 바르게 한다.'라는 의미로 그 원칙에 따라서 국비로 학생들을 교육하였다.

장소는 지리학의 주된 주제로 연구되어왔지만, 사회의 변화가 심하고, 대규모로 생활 공간이 개발되면서 그 의미가 많이 변화되었다. 최근에는 학제간 연구가 많아지면서 공동 연구의 기반이 되는 용어로 많이 활용되고 있다.

고드킨(Godkin. M.)은 "장소들은 개인의 세계에서 존재하는 실체 그 이상으로, '인생이라는 드라마의 물리적인 무대'가 된다."라고 했지만, 일반적으로 "개인의 주관성과 정체성을 기반으로, 자유와 이동이 안전과 정지로 변하면 공간이 특성을 가진 장소가 된다."라고 학자들은 보고 있다. 또한, 세월이 흐르고 개인이 성장함에 따라서 점차 경험한 장소들의 수가 늘어나고, 장소가 속한 공간적 범위도 확대된다.

이 동화의 주 무대인 논산시 연산 주변에는 여수고개와 여수고개 연못이 있어서 이 이야기의 시작 무대가 되었고, 계룡산도 주인공의 성장에 좋은 장소였다.

이 동화의 이야기를 즐겁게 읽으면서 장소의 특성들을 살펴 가면, 새로운 시도로 전개된 이 지리책이 좀 더 재미있어질 것이라 필자는 기대한다.

이 책은 여러분들의 도움으로 빛을 보게 되었습니다. 원고를 읽으면서 귀중한 조언과 교정을 하여 준 박종휘 선생님, 정미라 · 남예온 · 이승환 선생님의 협조에 깊은 감사를 드립니다. 또한 원고를 책이 되도록 전문적인 조언과 노고를 마다하지 않으시고 도와주신 북갤러리의 최길주 사장님과 편집진의 노고에도 깊이 감사드립니다.

2024년 2월 13일

서초구 서리풀공원 옆 작은 장소인 동아GEO LAB에서

저자 **주경식**

목차

1. 연산에서의 무지개 꿈

오늘도 여느 때처럼 열성이와 친구들이 서당에서 공부를 마치고, 오륙 명이 무리를 지어 도란도란 이야기하며 집으로 돌아가는 산길이다. 오후의 산길은 봄날에는 흔한 아지랑이가 곱게 피어오르고, 나른한 평온함이 가득한 산길이다. 두메산골의 풍경은 봄바람이 불 때마다 한가롭게 흔들리며 춤추는 크고 작은 억새 풀이 이쪽과 저쪽으로 살짝살짝 방향을 바꾸며, 바람결이 하늘거리고 봄의 향기를 흩트리며 지나간다.

그런 나른한 졸음을 깨우듯이 갑자기 아이들은 고개를 숙이고 빠르게 걸음을 옮기면서 꼬불꼬불한 산길을 할딱할딱하고 가쁜 숨을 내쉬면서 올라간다. 그리고 오르막길의 한 굽이에 모두 모여서 잠시 숨을 고르고 난 후에 '누가 먼저 고개 위의 묘지에 닿는지?'를 내기로 정한 후, 가쁜 숨을 몰아쉬고는 일제히 뛰기 시작하였다.

고개 위에는 두 개의 큰 묘가 고개 능선을 넘어서 남쪽으로 넓게 자리

충남 논산시 연산면 청동리의 여수고개. 매봉산과 매봉을 잇는 능선을 넘는 고개이며, 해발 100m 정도의 낮은 고개로 연산면 청동리–양촌면 명암리를 북서에서 남동 방향으로 연결하는 고개이다. 지형상 안부(말안장 모양으로 가운데가 낮은 형태의 능선)에 해당한다.

를 차지하고 있었고, 누런 금잔디가 묘는 물론 주변 고갯길까지도 비단처럼 덮고 있었다. 고개 위의 길옆은 여러 길손이 앉기도 하고, 눕기도 하며 쉬어가는 장소라서 잔디들이 많이 밟히고 닳았지만, 대체로 금잔디는 잘 자라서 고개 위의 펑퍼짐한 사면을 포근하게 덮고 있었다.

마치 돗자리를 깔아놓은 듯 부드럽게 펼쳐져 있는 잔디밭은 따뜻한 봄날에 아이들이 주저앉아서 씨름하고, 밀어 내기하며 놀기에 아주 적당한 놀이터였다. 그 위에 앉아서 모두는 창꽃(진달래꽃)을 따서 하나씩 씹어서 먹으면서 씹은 꽃을 "퉤퉤" 하고 뱉기도 하고, 서로를 손가락으로 가리키면서 까르르 웃기도 하였다. 그리고는 꽃물이 들어서 시퍼렇게 변한 혀를 길게 내어 보이기도 하고, 깔깔거리며 웃고, 와르르 밀치기도 하고, 조잘조잘 이야기도 하곤 하였다.

이 매봉산은 높이가 150m 정도의 낮은 산이며, 북동에서 남서로 낮아지는 구릉의 지맥이 제방처럼 뻗고 있는 산등성이(산릉)이다. 그 높이는

여수고개 주변 지도. 연산향교 맞은쪽에 있는 여수고개는 별로 높지 않은 고개로, 해발고도는 약 100m 정도이며, 실제 비고는 50m 정도. 경사도 완만한 편으로, 오르고 내리기에 별로 힘이 들지는 않는 낮은 고개이다. 서쪽(연산 쪽)은 청동리이고 고개 넘어서 여수고개 지 쪽(오른쪽, 동편)은 명암리이다. 출처 : 다음(카카오) 지도

현재 여수고개 옆의 사면에 있던 큰 묘는 평장으로 처리되어 가족묘로 조성되었다.

대체로 100m 정도이고. 사면에는 앞뒤를 다투어서 연분홍이나 빨간 진달래가 막 피어나고 있었다.

여수고개에서 고개 사면을 다 내려가면 밭이 끝나고 논이 시작되는 곳에 여수고개 지(못)가 있고, 그곳을 지나면 40여 호의 집들이 매봉산의 줄기에 의지하여 남쪽을 향해 옹기종기 모여 마을을 이루고 있다. 좀 더 남서쪽으로 나가면 멀지 않은 거리에 유명한 탑정호(塔亭湖)라는 커다란 댐형 저수지가 펼쳐져 있다.[1]

탑정호로 들어가는 하천은 논산천이 제일 크고, 다음은 이곳 명암마을

연산향교 입구의 정문(旌門)(왼쪽)과 연산향교의 대성전(오른쪽). 맞배지붕이고 전면에 배치하였
다. 이런 배치는 서울 성균관의 축소판이고, 대성전과 명륜당은 전묘후학(前廟後學)의 원칙에 따
라서 앞에 대성전이 있고, 성현들의 위패를 모시고 그분들에 대한 제사를 올리는 향사의 공간이
다. 여기서는 조선 시대 연산 인물인 사계 김장생(金長生)도 배향한다.
향교의 정문을 열고 들어서면 대성전이 향교의 전면에 위치한다. 일반인들은 향교 출입 시에 측문
을 사용한다.

앞을 지나는 명암천이 중요하지만, 어디나 마찬가지로 이름 없는 여러 하
천이 함께 흘러 들어간다. 이 이야기는 탑정호가 생기기 훨씬 전의 이야
기이다.

다시 눈을 들어 산을 보면, 온 산이 알록달록하고 보기 좋게 채색되는
중이었다. 며칠 지나면 흰 백색의 벚꽃이 피어나고 조금만 더 지나면 흰

....

1) 현재는 남서쪽으로 가면 탑정호라는 논산 저수지가 크게 만들어져서(1941년~1944년 준공) 논산평야
에 물을 공급하고 있다. 거기에는 카페, 출렁다리 등 관광 요소도 많다. 1920년대의 지형도와 비교하면,
매오리, 신촌리, 가량리, 보우리 등의 지명이 사라졌다.

연산향교 명륜당. 팔작지붕이고 작은 규모이며, 옆에는 서울의 성균관과 같이 학생 기숙사인 동재와 서재가 자리한다. 이 명륜당은 대성전의 뒤에 위치한다.

색, 분홍색 싸리꽃과 복숭아꽃이 꽃봉오리를 터뜨리고 서로 시샘하듯이 아름다움을 뽐내게 된다.

그런데 오늘은 진달래꽃의 아름다움이 한층 더 돋보이는 화사한 봄날이다. 밤이나 아침에는 쌀쌀하지만, 낮에는 조금은 더운 포근한 날씨였다. 더구나 아직도 솜 바지저고리를 입은 아이들에게는 상당히 더운 날이다. 게다가 여수고개에 먼저 올라가기 위해 서로 밀치면서 비탈길을 뛰어서 올라왔으므로 모두의 이마에 땀이 송골송골 배어 있었다.

고갯마루에 먼저 뛰어서 올라온 열성이는 큰 묘 옆의 잔디밭에 책을 싼 보자기를 내려놓고, 친구들과 같이 길게 다리를 펴고 앉았다. 그는 땀이 좀 식자 잔디밭에 누워서 친구들과 이야기를 하다가 벌떡 일어나서 옆의 산비탈로 몇 걸음 걸어갔다. 거기에는 마치 진달래꽃밭처럼 진달래꽃이 흐드러지게 피어서 군락을 이루고 있었다. 그 많은 꽃 중에서 몇 가지 꺾어서 왼쪽 팔에 안고, 다시 꽃봉오리가 많이 달린 가지를 오른손으로 꺾어서 왼팔에 안고 하기를 서너 번 반복하니 진달래꽃을 한 아름이나 되도록 많이 꺾었다. 그 꽃을 안고 고갯마루 위의 잔디밭으로 와서, 친구들이 열을 맞추어 누워있는 옆에 살짝 내려놓았다.

하루 종일 연산향교 아래의 서당[2]에서 명심보감(明心寶鑑)을 외우다가 돌아오는 열성이는 배가 고프고 피곤도 하였다. 그래도 이 여수고개에 오면 오르막길은 끝나고, 나머지는 내리막길로 조금 더 가면 집이 있다. 집은 명암리에 있고, 남은 길이 가깝기 때문에 아이들은 이 고개에서 쉬는 것이 편하고 좋았다.

....

2) 논산시 연산면 관동리 향교 아랫마을의 서당이다.

양촌면 명암리의 여수고개 지(빛가리지)와 그 주변의 농경지(구릉 사면의 경사급변점에 여수고개 지(연못)가 있다).

여수고개 주변에 피어있는 연분홍 진달래꽃

더구나 오늘은 아른아른하게 피어오르는 아지랑이가 더욱 심신을 노곤하게 하면서 봄날의 춘곤증을 불러와 모두를 반쯤 졸게 하였다. 친구들은 잔디밭에 누워서 하늘을 바라보고, 꽃을 따서 씹곤 하였다. 크게 하품을 하면서 열성이도 친구들 사이에 누워서 팔베개를 하고 파란 하늘을 바라보았다. 모두 따스한 봄볕에 피곤한 몸을 맡기고 눈을 사르르 감고 반쯤 졸고 있는데 저쪽의 키가 작은 소나무 숲에 걸린 가랑잎들이 바람에 날려서 바스락거리는 소리가 났다.

체구가 다른 친구들보다 한 뼘은 크고 나이도 서너 살은 더 들어 보이는 몸이라서 사람들이 척 보아도 골목대장의 냄새가 풍기는 열성이였다. 또한 배우는 글은 순서에 따라서 배우게 되고, 아버지와 선생님도 빨리 어려운 글을 배울 필요가 없다고 하시며, 천천히 외우고 또 외우는 방식으로 배웠다. 그래서 천자문은 여섯 살에 배웠고, 동몽선습은 여덟 살부터 배웠다. 그리고 사자소학을 배우고 현재 열두 살에는 명심보감(明心寶鑑)을 배우고 있다.

이 책이 끝나면 아마도 대학 공부를 해야 할 것이다. 지금도 가끔 훈장님이 "대학의 길은 밝은 덕을 더욱 밝게 하고, 백성들과 더욱 친하게 하며, 가장 선한 것의 가운데에 자리하고 있다.[3]"라고 말씀하시면서 "너는 충분히 대학의 길을 터득하고, 큰 사람이 되어 그를 실현하게 할 수 있는

....

3) 대학지도는 재명명덕하고 재친민하고 재지어지선(大學之道 在明明德, 在親民, 在止於至善)이니라.

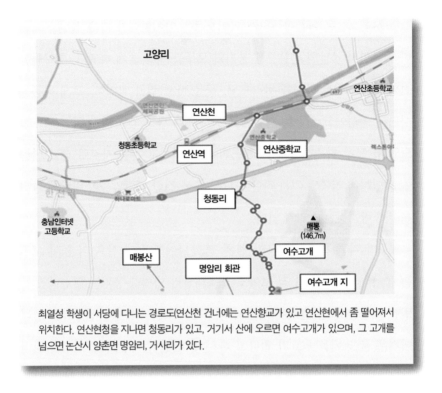

최열성 학생이 서당에 다니는 경로도(연산천 건너에는 연산향교가 있고 연산현에서 좀 떨어져서 위치한다. 연산현청을 지나면 청동리가 있고, 거기서 산에 오르면 여수고개가 있으며, 그 고개를 넘으면 논산시 양촌면 명암리, 거사리가 있다.

자질이 있다."라고 열성이를 칭찬하곤 하셨다. 열성이는 짐짓 그 말을 잘 모르는 체하면서 열심히 명심보감의 '계선편'을 암기하곤 하였다.

그 안에는 "맹자왈 순천자는 흥하고 역천자는 망하느니라(孟子曰 順天 者興, 逆天者亡, 맹자가 말하기를, 하늘 뜻에 순응하여 행동하는 사람은 잘되어 흥하고, 하늘 뜻에 반대하여 거슬러서 행동하는 사람은 망하느니 라)."라고 하는 구절을 얼마 전에 외우고 썼다.

그전에는, 공자님이 말씀하시기를 "선하게 행동하는 자는 하늘이 복을

주고, 불선하게(악하게) 행동하는 자에게는 하늘이 화를 준다(子曰 爲善
者天報之以福; 자왈 위선자 천보지이복, 爲不善者天報之以禍; 위불선자
천보지이화).”고 하는 대목도 외웠다. 이 대목은 특히 한문으로 생각하면
아주 훌륭한 말로, 사람의 도덕적 품성을 아주 기초부터 기르게 하려는,
짧지만 중요한 대목이라고 할 수 있었다. 그래서 선생님이나 아버지가 모
두 외면서 열성이에게 여러 교훈을 실례를 들어 말씀해주시곤 하였다.

이 명심보감 계선편(明心寶鑑 繼善篇)에 있는 중요한 가르침들은 착하
고 좋은 일을 후대에도 계속 권장하는 덕목들을 모아놓고 가르침을 주려
고 하는 문장들이지만, 어린 학생들에게는 무척 따분한 부분이기도 하다.

열성이가 누워서 이런저런 생각을 하는 사이에 더 멀리 가는 아이들은
벌써 꽃을 몇 개 따서 씹고는 늦는다고 책보를 들고 일어났고, 열성이네
마을 아이들은 오늘은 조금 더 누워서 놀다가 가기로 마음먹고는 “그럼
먼저 내려가, 응?” 하고 인사하니, “아니, 너희들은 안 갈 거야 ?” 하고 물
었고, 열성이는 “응, 우리는 조금만 더 쉬다가 갈 거니까, 먼저 내려가.”
라고 말했다. “그래? 그럼 내일 만나자.” 하고 서로 큰 소리로 헤어지는
인사를 하면서 먼 동네 아이들과 헤어졌다.[4]

....

[4] 이 연산에서 유명한 사람이 많지만, 열녀 허씨(烈女 許氏)가 유명하다. 대사헌 허응(許應)의 딸로 김문년
의 처가 되었다가 17세에 남편을 잃고 혼자서 가업을 꾸렸다. 열녀로 정해서 정문이 세워져 있다. 그러
나 더 유명한 인물은 조선의 예학자 사계 김장생이 제일 유명하다.

연산향교에서 멀지 않은 곳에 황산성이 있다. 이 성은 이곳이 삼국 시대에도 아주 중요했던 교통상의 연결점(Nodal Point)이었음을 보여주는 증거이다. 신라와 당의 연합군이 이곳 황산벌에 침입하였고, 백제군은 황산성에서 방어하였다. 계백장군의 충성과 용맹함이 돋보인 전투이나, 군대의 수가 절대 부족하여 5천 결사대가 전부 전사하며 끝이 났다.[5]

　열성이와 몇몇 친구들은 잔디밭에서 뒹굴면서 조금 더 놀고 있는데, 매봉 쪽에서 바스락바스락하는 가랑잎 소리가 나더니 웬 여자아이 하나가 내려왔다. 그리 험하지 않은 산이라서 그러려니 하고 있는데 열성이 옆에

....

5) 본래 연산은 '황등야산'이었고 신라 때 '황산군'이라 하였으나, 이곳 황산벌은 동서와 남북을 연결하는 교통의 연결점이어서 고려 초에 연산(連山)이라는 이름이 붙여졌다. 공주목과 진산군, 진잠현, 은진현 등과 연결되어서 교통상 중요한 곳이란 뜻으로 연산이란 이름이 붙여졌다고 생각된다. 또한 이곳의 낮은 산들이 연결되어서 맥을 이룬다고 해서 연산이라 했다는 설도 있다. 즉 쉽게 넘을 수 있는 낮은 산들이 맥을 이루며 이어진 곳이고, 그 사이로 동서와 남북의 교통로가 연결되는 장소이다.

황산성 내 연못. 백제 오천 결사대가 음료수로 사용했다.

와서 "오빠! 명암리는 어디로 가는 거예요?" 하고 묻는 게 아닌가. 열성이와 남은 친구들은 모두 명암리에 사는 사람들이라서 "조기 아래로 내려가면 돼." 하고 말하면서 손가락으로 내려갈 길을 가리켰다. 그리고는 아이들이 슬슬 일어나 책보를 챙기면서, 책보와 옷에 묻은 잔디 티끌 조각들을 털어내고 내려갈 준비를 하기 시작하였다.

　그런데 열성이가 "아니, 어린 여자아이가 어디서 오는 거니? 너희 집은 어디지?" 하고 물었다.

　"나는 저기 넘어 30리쯤 떨어진 개태사 부근에 살고 있는데요. 이번에 명암리 아저씨 댁에 가는 길이에요."

"아니, 그렇게 먼 데서 혼자 왔단 말이야?" 하고 묻자, 다른 아이들도 궁금해했다.

"너 참 대단하다."

"정말로. 다리가 아프지도 않냐?"

"혼자서 무섭지도 않고?"

이렇게 여러 아이들이 거의 동시에 물어보았다.

여자아이의 얼굴은 해맑고, 가냘프고 여려 보였지만, 예쁜 얼굴이었다. 아이는 망설이는 기색도 없이 "아니, 오늘 아침밥을 먹고 거의 뛰면서 왔는데. 다리는 조금 아프지만⋯⋯. 그리 무섭지도 않고, 멀지도 않아요. 오빠들도 가보면 나보다 더 빨리 갈 수 있을 텐데요, 뭐. 그런데⋯⋯." 하고는 말을 얼버무렸다.

"그래? 명암리는 누구네 집에 가는 거냐?" 하고 다른 아이가 물었다.

그 말에 여자아이는 대답하지 않고, "어머니가 편찮아서 돈을 좀 구해서 약을 사려고 그냥 나왔는데요. 마침 명암리에 부자가 여러 집 산다고 해서 돈을 좀 빌리러 가는 길이예요."라고 말했다.

그 말을 들은 열성이는 아무 말도 하지 않고, 그냥 책보를 들어서 잔디 티끌을 털고 나서 오른쪽 겨드랑이에 끼었다. 그리고 앞장서서 천천히 걸어서 내려갔다. 뒤를 따라서 아이들도, 여자아이도 따라 내려왔다.

여자아이는 남자 또래들을 어려워하지 않고 가까이서 책보도 들어주고 손도 잡고 하면서 내려오는데, 열성이는 짐짓 관심이 없는 듯이 딴청을 부리면서 아무 말도 하지 않고 차츰차츰 걸음을 늦춰서 맨 뒤에서 따로 떨어져서 걸었다.

다른 아이들은 신이 나서 큰 소리로 떠들면서 발을 놀려서 솔방울을 차기도 하고, 등을 떠밀기도 하면서 내려왔다. 내리막길을 거의 내려오니 커다란 연못(못)이 하나 있었고, 그 이름은 '여수고개 못(지)'이었다. 아이들은 책보를 땅에 잘 놓고는, 못의 물을 손으로 떠서 세수하고, 손도 닦고 하면서 다시 조금 쉬었다. 여자아이도 거기서 물에 손을 적셔서 얼굴을 닦았다. 뽀오얀 얼굴이 드러나고 귀엽게 생긴 얼굴에 웃음을 띠었다.

그러더니 열성이 옆에 와서 "오빠는 요즘 서당에서 무슨 공부를 하는 거예요?" 하고 말을 건넸다.

"나는 요즘에 명심보감(明心寶鑑)을 공부하고 있는데……." 하고 좀 뜸을 들이다가 "거기에는 '착하게 살면 하늘이 복을 준다.'는 말하고, '남녀가 차이가 있어서 유별하다.'고 하는 말이 나오지." 하고 대답하였다.

그랬더니 그 여자아이는 "그게 무슨 뜻이에요?" 하고 물었다.

"그 말은 남자와 여자는 서로 차이가 있기 때문에 서로 이야기하거나 같이 행동할 때는 서로 조심해야 한다는 뜻이지요."라고 대답하고는, 못(연못)의 물에 손을 적시고 물을 양손으로 떠서 얼굴을 닦았다.

그런데 그때 여자아이가 "내가 책보를 들어줄 테니까 얼굴을 잘 닦아 봐요." 하면서 열성이의 책보를 빼앗듯이 받아서 들려고 하였다.

"응, 아니. 그러지 말거라! 책은 소중한 것이라 남에게 들게 해서는 안

된다고 배웠다." 하고 열성이는 동시에 손을 저으면서 간신히 여자아이가 잡은 손을 책보에서 떼어냈다. 그리고는 아무런 말도 하지 않고 천천히 집으로 향했고, 아이들도 집이 가까워지자 아까와 달리 조용해졌다.

열성이가 몇 걸음 가다가 뒤를 돌아보니 뒤에 바짝 그 여자아이가 따라오고 있었다. 벌써 다른 친구들은 앞서서 가고 있어서 열성이는 자연스레 맨 뒤를 걷고 있었고, 어느 틈엔지 그 여자아이가 자기 뒤를 따라오고 있었다. 열성이는 길의 한옆으로 비켜서 멈추고 여자아이에게 먼저 가라는 표시로, 손을 앞으로 저어서 표시하였다. 그런데도 여자아이는 앞으로 가지 않고 그냥 옆에 서서 열성이가 먼저 가기를 기다리며 서 있었다. 하는 수 없이 열성이는 다시 앞장서서 집을 향하여 걸음을 옮겼다. 한참을 가니 동네가 나오고, 좁은 명암리의 고샅길로 들어가서 좀 걸어가니 정자나무가 서 있고, 그 앞을 지나서 좀 더 안으로 들어가니 열성이네 집이 있었다. 열성이는 다시 뒤를 보니 거기까지 여자아이가 따라오고 있었다.

"아니, 누구네 집에 가려고 그러니?"

그 아이는 대답을 하지 않고 그냥 서 있어서 "우리 집은 여기인데, 우리 아버지는 내가 다른 아이를 데리고 오는 것을 싫어하신다. 우리 형들도 누구를 데리고 오면 나를 나무라시니, 거기는 그만 돌아가거라." 하고 열성이는 말하였다.

그래도 여자아이는 잠자코 서 있었다. 그래서 열성이는 자기도 모르게 큰 소리로 "여기 따라오면 안 돼! 그만 돌아가라니까! 돌아가!" 하고 조금은 짜증 섞인 목소리로 크게 소리쳤다. 그래도 여자아이는 말없이 그냥 서 있었는데, 열성이 목소리를 대문 안에서 들은 아버지가 대문을 열고 나오셨다.

열성이 아버지인 최진각 영감은 망건을 쓰고 수염을 기르고 위엄 있는 모습으로 대문 밖에 나오면서 "밖이 왜 이리 큰 소리로 소란스럽냐? 점잖지 못하게……," 하고 말씀하시면서 열성이를 쳐다보시고, 다시 옆에 있는 여자아이를 보셨다.

여자아이는 최 영감을 보자 다소곳이 허리를 숙이며 인사를 하였다.

최 영감은 인사하는 여자아이에게 눈길을 주시면서 "너는 어디 사는 누구냐?" 하고 물으셨다.

여자아이는 "소녀는 개태사 아래의 천호리에 사는 정옥분이라고 하옵니다. 이번에 어머니가 너무 편찮으셔서 약을 지어드리고 보살펴야 하는데, 아버지가 일찍이 세상을 떠나셔서 보살펴줄 사람이 없사옵니다. 그래서 소녀가 돈을 좀 구하려고 집을 나와서 여기까지 오게 되었습니다." 하고 대답하였다.

그러자 최 영감은 "아니, 어린 네가, 더구나 여자의 몸으로 어떻게 돈을 구한단 말이냐?" 하고 물으셨다.

그러자 정옥분이란 아이는 "그냥 어느 댁에서라도 부엌이나 마당의 심부름 정도는 할 수 있어요. 어르신께서 좀 살펴 보아주시면 감사하겠습니다." 하고 대답하였다. 그리고 "그래서 여기 이 도련님을 따라왔으나, 도

런님이 댁에는 들어갈 수 없다고 말하면서 거절하여서 제가 어른들을 뵙고 직접 사정을 말씀드리려고 하던 참이었어요." 하고 말하였다.

이미 해는 서산으로 넘어가려고 하고 있고 저녁 그늘이 길게 드리우고 있었다. 최 영감은 앳된 소녀 아이가 저녁에 어디로 갈 곳도 없는 듯해서 저녁이나 먹게 하여 보내려고 마음먹고, "우선 들어와서 좀 쉬거라." 하고 말하면서 대문을 밀고 안으로 들어갔고, 이어서 열성이와 정옥분이 따라서 들어갔다.

최 영감은 부엌에서 일하는 여인 가운데 하나를 보고 오늘 저녁에는 작은 상을 하나 더 보라고 하였다. 그리고 옥분이를 데리고 안방으로 들어갔다. 안방에는 허씨 부인이 남편 두루마기 안감을 붙이면서 바느질로 시침하고 있었다. 그런데 허씨 부인은 아들만 셋을 낳고는 딸을 낳지 못해서 여자아이를 보자 아주 좋아하였다. 아랫목에 앉은 최 영감을 슬쩍슬쩍 보면서 여자아이를 윗목에 앉히고 나서 바느질을 얼른 끝냈다.

그리고는 벽장에 있던 강정과 곶감, 대추 등을 내어주면서 이름이며, 사는 곳이며, 여기 오게 된 연유 등을 물었는데, 정옥분의 대답은 아까 최 영감이 대문 밖에서 물었을 때 했던 대답과 거의 똑같이 말하였다.

조금 이야기하고 있는 사이에 저녁상이 들어왔다. 최 영감은 허씨 부인과 겸상을 해서 밥을 먹고, 정옥분은 따로 조그만 개다리소반에 저녁 식사를 차려서 들여왔으므로 그 앞에 앉아서 혼자 허겁지겁 저녁을 먹었다. 열성이는 두 분 형들과 같이 사랑방에서 저녁을 먹었다.

열성이 어머니 허씨 부인은 그동안 딸이 없어서 살갑게 말동무를 해주고, 잔심부름도 해주는 딸을 둔 사람들을 많이 부러워했었다. 그런데 오늘 보니 정옥분이는 얼굴도 곱고, 행동거지도 나무랄 데가 없어서 갑자기 수양딸을 삼고 싶은 마음이 생겼다.

저녁을 먹고 이런저런 이야기를 더 하다가 최 영감은 사랑으로 나갔고, 허씨 부인은 그 뒤에도 정옥분과 여러 가지 집안 사정을 듣고 조금 도와주어야 되겠다고 마음먹고 늦게 잠을 잤다. 정옥분이는 행랑채의 행랑어멈이 있는 방에 가서 같이 잠을 자게 하였다.

이튿날 허씨 부인은 일찍 일어나서 마당을 돌아보고 부엌 쪽을 보았는데, 부엌 안에는 정옥분이 나와서 행랑어멈을 도와 아침밥을 짓는 일을 하고 있었다. 허씨 부인은 우물에서 물을 퍼서 놋그릇 대야에 붓고는 세수를 하였다. 물을 시궁창에 버리고 대문 밖을 바라보고 있는데 최진각 영감이 밖에 나갔다가 들어왔다. 최 영감은 바로 안방으로 들어가기에 허씨 부인도 얼른 안방으로 따라 들어왔다.

"이른 아침에 어디 다녀오셨나요?" 하고 최씨 부인이 묻자, 최 영감은 "저 아래 거사리의 김씨에게 빌려주었던 돈을 좀 달래서 받아 오는 길이지요." 하고 대답하면서 부인 허씨의 눈치를 살폈다.

이때다 하고 허씨 부인은 얼른 말문을 열었다. "저기……. 영감, 저 옥분이란 아이가 참 귀엽고 붙임성이 좋은데요……. 우리 수양딸을 삼으면 안 될까요?" 하고 어렵게 말을 꺼냈고, "저 옥분이네 집안이 좀 어려운 듯

골패 짝의 여러 모양

하니 우리가 조금 도와주고 같이 살면서 이야기 상대도 하고, 행랑어멈이 하는 집안일도 좀 도와주면서 배우고 살게 하면 어떤가요?” 하고 말하면서 최 영감의 눈치를 살폈다.

최 영감은 “수양딸 문제는 부인이 좀 더 잘 살핀 후에 결정해도 늦지 않지요. 그러나 모친이 위독하다고 하니 우선 돈을 좀 변통해 주어서 약이라도 사서 쓰게 하고. 건강이 회복되면 그때 이야기해봅시다.” 하고 말하면서 자리에 앉아서 골패를 맞추기 시작하였다.

그리고 좀 있으니 아침 밥상이 들어왔고, 이번에는 최 영감과 허씨 부인 그리고 세 아들의 밥을 접이식 교자상에 차려서 가지고 들어왔다.

그 상은 행랑어멈이 들기에는 힘에 부치니 두 아들이 마주 들고 들어왔고, 우선 밥과 반찬과 수저를 차려 놓았다. 국은 따로 작은 쟁반 상에 몇 그릇을 담아서 행랑어멈이 들고 왔다. 그리고 정옥분도 국을 담은 그릇을 몇 개 쟁반에 놓아서 가지고 들어왔다. 상을 제자리에 놓고 어머니 허씨 부인은 밥상에 앉아서 수저를 든 채 "오늘 아침 식사 자리에 모두 모여서 마침 참 좋은데, 나는 여기 옥분이를 수양딸로 삼으려고 한다. 그러니 내 생각을 잘 새겨서 나에게 자기의 의견을 말해주기 바란다." 하고 말을 마치고는 식사를 시작하였다.

최 영감은 "어젯밤에 나도 많이 생각해 보았는데. 너희 어머니의 생각을 듣고 나니 어머니 생각대로 찬찬히 정하는 것이 좋겠다."라고 말하면서 부모님 두 분이 거의 같은 생각임을 확실히 밝히셨다. 다른 사람들은 모두 다 그러려니 하고 부모님의 의견을 존중하면서 뜻을 받드는 태도를 보였다.

이 최씨 가문의 자손들은 효행이 독실한 사람들로, 부모님의 의견을 거스르는 일이 별로 없었다. "어머님 생각대로 하십시오." 하고 큰아들과 둘째 아들은 서로 눈치를 보더니 거의 동시에 어머님의 뜻에 순종할 것임을 밝혔다. 그런데 잠자코 있던 막내 열성이가 "아버님, 어머님, 제 생각은 조금 다릅니다. 물론, 딱한 사정이 있는 어린 소녀를 물질적으로 도와주는 것은 저도 찬성입니다만, 수양딸을 삼는 것은 다시 생각해 보셨으면 좋겠습니다. 그리고 사람을 도와주는 일과 사람을 집안으로 들이는 일은 아주 큰 차이가 있으니 정옥분에 대해서도 좀 더 잘 알아보시고, 그 정옥분 어머니의 뜻도 더 알아보시지요. 집안의 내력도 좀 더 수소문하셔서 알아보신 후에, 같이 생활해보면서 좀 더 살핀 뒤에 결정하셔도 좋을 듯합니다."라고 반대의 뜻을 분명하고 완곡하게 말하였다.

그 말을 들은 아버지 최 영감은 고개를 끄덕였다. 열성이의 말이 그럴듯하다는 암시였고, 어린 나이에 그런 좋은 의견을 말한다는 것이 대견하다는 뜻이었다.

그러나 어머니 허씨 부인은 "그냥 집에서 같이 생활하고 일을 돕고 하는 것과 수양딸로서 같이 생활하면서 주인 입장에서 일을 처리하고 집안을 살피고 하는 것은 큰 차이가 있으니, 나는 먼저 수양딸을 정한 후에 같이 생활했으면 좋겠다." 하고 주장을 굽히지 않았다.

열성이는 어머니의 뜻을 따르는 것이 효도의 기본을 이루는 중요한 일이라 생각하고 더는 말을 하지 않고 다소곳이 아침을 먹었다. 그리고는 얼른 자리에서 일어나서 서당에 갈 준비를 하였다. 옷을 갈아입고 짚신을 신고는 짚신 코를 눌러보면서 '발이 편한가?'를 확인하고는, "다녀오겠습니다."라고 인사를 하고 바로 대문 밖으로 나갔다.

서당에 가면서 여수고개 지(연못)를 지나서 여수고개를 올라가는 길에 이르기까지 열성이는 정옥분에 대해서 생각하면서 걸었다. '이 고개에서 나온 것도 그렇고, 왜 자기를 따라와서는 자기 집으로 들어왔고?, 거기다가 어머니에게 찰싹 달라붙어서 얼마나 얄밉게 애교를 떨었기에 어머니가 수양딸로 삼고 싶어 하도록 마음을 움직이게 만들었는지?' 등등을 생각하자, 열성이는 점점 정옥분이 괘씸하였고, 또 이해하기가 어려웠다.

'아버지가 돌아가신 후에 집안이 기울었고, 어머니마저 병석에 누웠다.'는 딱한 사정이 마음에 걸렸지만, '어디 아는 집에 가서 돈을 변통하려 해도 어려운 일인데, 전혀 알지 못하는 동네인 명암리의 자기 집에 와서 어머니와 아버지의 마음을 움직이게 한 것'도 마음에 걸렸다.

현재의 연산면 관동2리의 마을회관. 이곳은 관동리의 중심으로 마을 공동체의 핵심 장소이다. 어른들의 쉼터이며 동네 사랑방의 역할을 한다. 그러나 조선 시대에는 이런 건물은 없었고, 명암리에서는 열성이네 사랑방이 동네 사람들이 모이는 장소가 되곤 했었다. 이 관동리를 지나서 동남쪽으로 연산천을 건너면 연산면 청동리이고, 그 청동리 마을 뒤로 올라가면 매봉산이 있다. 매봉과 매봉산 사이에 가장 낮은 능선의 고개가 여수고개이고, 거기를 최열성을 비롯한 양촌면 소년들이 매일 넘어서 서당에 다녔다.

속을 알고 좀 오랫동안 왕래가 있었다면 수양딸을 삼는 거야 뭐 그리 어려운 일이 아니지만, 하루 만에 그런 마음을 갖게 된 어머니 허씨 부인과 아버지 최진각 영감의 태도 역시 열성이의 마음에 걸렸다. 아버지와 어머니는 평소에 다른 사람들을 특히 차별하거나 인정을 베푸는 것이 표가 나도록 편애하는 말과 행동과 태도를 싫어하시는 한결같은 분들이었다. 그리고 아래 사람들에게도 늘 온화한 분들이었다. 열성이 아버지인 최진각 영감은 특히 다른 사람들을 대하는 것에서 '군자의 길'이라고 말씀하시는 것이, '늘 공평하고 정성으로 사람을 대하는 것'을 생활의 신조로 여기고 계셨다.

여하튼 열성이는 이런저런 생각을 하며 여수고개를 넘고, 다시 연산천을 건너서 관동리 마을로 들어갔다. 그리고는 다시 옷매무새를 고치고 짚신을 털고는 향교 아래의 서당으로 들어갔다. 그리고 윗방에 들어가서 자리에 정좌하고 앉았다. 이어서 그는 조용히 책을 펴고 몸을 좌우로 흔들면서 명심보감을 처음부터 다시 읽고 외우기 시작하였다. 한번 외우기가 끝나자 이번에는 벼루에 물을 부어서 먹을 갈고 현재 외우는 명심보감 '계선편'을 한지에 연습으로 다시 써 보았다.

한번 쓰고 그 위에 다시 겹쳐서 쓰고 하기를 반복하여서 이제는 지금 쓰는 글씨가 어떤지를 쉽게 잘 분간하긴 어렵지만, 붓을 놀리는 손에는 전과 같이 힘이 들어있지 않았고, 글씨도 힘이 없어 잘 써지지 않았다.

왜 그런지 오늘은 다른 날보다는 암기하기가 어렵고, 글씨도 크고 작고 바르고 삐뚤고 상당히 혼란스럽게 써졌다. 마음이 번잡스러우니 당장 외우기와 글씨 쓰기에 그 복잡한 심상이 확실하게 표시되어 나타나는 것이었다. 그는 깊게 한숨을 쉬면서 아버지와 어머니의 결정을 이해하려고 애를 썼다.

왜 어머니는 자기의 말을 듣지 아니하시는가? 거기다가 아버지마저도 자기의 주장을 그리 깊게 이해하려고 하지 않으시는 것은 아주 보기 드문 태도셨다. 아버지는 열성이를 많이 아끼시고 신뢰하시면서 자기가 하는 말을 늘 경청하시는 자세를 보여주셨다. 그러니 오늘 아버지의 태도 역시 어머니의 뜻을 챙기신다고는 해도 이전과는 너무나 다르셨다. 그래서 열성이의 마음이 혼란해지고 공부하는 것이 마음과 하나가 되지 못하고, 자꾸 표면만을 겉돌아서 잘되지 않았다.

이런 심리 상태를 요즘의 심리학에서는 자아와 초자아, 이드(Id)[6] 사이의 타협이 이루어지지 않았기 때문으로 해석하곤 한다.[7] 그러나 열성이 시대에는 그런 것은 알지 못하였고, 한편으로는 정옥분이 딱하니까 어머니가 수양딸을 삼으려 하는 마음이 있다는 것이고, 다른 한 편으로는 그리되면 자기가 정옥분과 더는 친하게 지낼 수 없으니, 그냥 집안에서 일하는 심부름꾼으로 두는 것이 자기에게는 더 낫다는 생각이 싸움을 하고 있기 때문이라고 요즘 심리학은 해석하고 있다. 즉 열성이 마음속에는 벌써 은근히 정옥분이 자리하고 있었지만, 정작 열성이 스스로는 그것을 알지 못하는 상태였다.

여하튼 열성이는 아직은 심각한 단계는 아니었지만, 아버지마저 자기의 의견을 들어 주지 않았다는 사실이 그의 마음을 무겁게 눌러서 마음이 심란하고 답답했다.

혼란해진 열성이의 마음을 들여다본 듯이 서당의 훈장이신 서 진사는 "열성이 어디 아픈가? 오늘 수업하는 자세가 어렵게 보인다." 하시면서

....

6) 개인의 무의식 속에 선천적으로 가지고 있다는 본능적인 에너지의 원천. 정신분석학적 용어
7) 정도언, 2009,《프로이트의 의자》, 웅진지식하우스, pp. 33-34

자애롭게 말씀하셨다.

열성이는 얼른 "스승님, 죄송합니다. 어젯밤에 잠을 잘못 자서 머리가 좀 혼란스럽고 아픕니다." 하고 어물쩍 대답하였다.

그날의 열성이 공부는 한마디로 잡친 것이었다. 외워지지도 않았고, 글씨도 써지지 않았다. 대충 정리하고 공부를 끝낸 학생들 틈에 숨듯이 끼어서 열성이도 서당을 나서면서 "스승님, 내일 뵙겠습니다." 하고 늘 하던 대로지만, 건성으로 인사하고는 황망히 집으로 향하였다.

다른 친구들은 여느 때와 같이 깔깔거리고, 덩실덩실 춤을 추기도 하고, 노래를 부르기도 하면서 연산천을 건너서 매봉산의 여우고개를 향해서 천천히 올라갔다. 서산으로 해는 상당히 가 있지만 아직은 봄볕이 따스하게 느껴지는 오후였다. 해가 저 멀리 황산성이 있는 깃대봉 쪽으로 가깝게 가고 있지만 아직은 넓은 서남쪽의 하늘이었다.

차오르는 숨을 누르고 간신히 고개 위까지 올라온 열성이를 보고 다른 친구들이 정옥분에 대해서 여러 가지를 물어 보았다. 그러더니 한 친구가 "열성이는 참 좋겠다. 어여쁜 동생이 저절로 굴러들어 왔으니……." 하면서, 한편으로는 부러운 눈을 하고, 또 한편으로는 비아냥하는 듯이 입을 삐쭉이면서 열성이를 쳐다보았다.

그 말에 열성이는 그저 고개를 힘차게 가로저으면서 "나도 모르겠어. 참 걱정이야." 하고는 얼굴을 돌려 외면하였다.

고개 위에 올라온 열성이는 털썩 잔디밭에 주저앉았다. 그리고는 집안

일이 오늘따라 궁금하여 고개에서 조금만 쉬고 내려갔다. 그런데 여수 고개 못 부근에 오니 정옥분이 서서 고갯길을 내려오는 열성이를 정답게 맞이하면서 "어서 오세요, 오라버니" 하며 고개를 숙여 인사를 하는 것이었다.

열성이는 엉거주춤하면서 고개를 숙여서 인사를 받았다. 그리고 집으로 말없이 걸어가는데 정옥분이 그의 뒤를 따라서 걸어왔다. 아이들이 뒤에서 자기 이야기를 마구 해대서 뒤통수가 자꾸 근질근질했다.

다음날이었다. 어머니는 아침 식사를 하시면서 정옥분에게 "오늘은 집에 가서 어머니 약을 지어서 드리고, 좀 보살펴 드려라. 여기는 아직은 그리 바쁜 철이 아니니까." 하고 말하자, 정옥분은 "네, 어머님 말씀대로 하겠습니다." 하고 공손하게 대답하였다.

좀 열적어 하면서 열성이가 말없이 아침밥을 빨리 먹고 서당으로 떠나려는데, 정옥분은 어머니가 건네준 약값을 받아서 허리춤에 달린 주머니에 넣고는 "어머님, 아버님, 감사합니다. 지금 다녀오겠습니다." 인사를 하고 열성이를 따라나섰다.

열성이도 "공부하러 가겠습니다." 하고 인사하면서 먼저 앞장을 서서 대문을 나섰다.

열성이는 말없이 앞서서 걷다가 동구 밖에서 몇몇 친구들을 만나서 서로 인사하고 여수고개 지(연못)를 지나서 여수고개를 천천히 올라갔다. 올라가는 길은 그래도 경사가 완만한 편이었지만 약간 숨이 가쁘고 조금

힘도 들었다. 그렇지만 그냥 이야기하면서 올라갈 수 있었다. 그래도 열성이는 오늘은 정옥분이 힘들지 않도록 일부러 천천히 걸어서 올라갔다.

여수고개를 천천히 넘어서 연산 현청 앞에 도착하자 정옥분은 "오라버니, 잘 다녀오겠어요." 하고 인사하고는 장터에서 개태사가 있는 북쪽으로 길을 걸어갔다.

열성이는 뭐라고 대답을 입속에서 중얼거리며 고개를 숙여서 답례하

연산면 천호리 개태사(開泰寺). 개태사는 천호산(371m) 건답들에 세워져 있다. 고려 태조 왕건이 후백제를 멸망시킨 후 936년에 천하의 평화를 기원하고, 전투에서 숨진 병사들을 위로하기 위하여 지은 절이다. 본래의 건물은 화재로 소실되었고, 위치도 조금은 바뀌었다. 이 절의 큰 '쇠 가마솥'이 유명하며, 충청남도 민속문화재 1호이다. 솥의 직경이 289cm, 둘레가 910cm, 높이 96cm, 두께가 3cm의 철로 된 거대한 무쇠 가마솥이다.

일제 중기(1935년)에 시라이(白井)라는 일본인이 이 솥을 일본으로 가져가려고 부산까지 옮겼는데, 솥이 계속 소리 내어 울었다. 그래도 악독한 그는 화물선에 솥을 실으려고 하였는데, 멀쩡한 하늘에서 벼락이 치면서 시라이에게 꽂혀서 그는 그 자리에서 즉사하였다. 그래서 하는 수 없이 다시 솥을 환송하여 현재의 개태사에 옮겼다(충남 민속문화재 1호).

고, 친구들과 같이 천천히 연산천을 건너서 관동리의 서당으로 향했다. 열성이는 그날도 공부를 별로 잘하지 못하였고, 며칠 동안 심란한 날을 보냈는데, 다행히 정옥분이 그 사이에는 집에 돌아오지 않았으므로 표면적으로는 평정심이 회복되었다.

남녀 관계란 정말로 마음대로 되지 않는 인간 심사의 깊고 깊은 문제인 모양이다. 왜냐하면 겉으로는 정옥분을 내보내라고 하는 열성이었지만, 아마도 요 며칠 사이에 정옥분이란 존재가 열성이의 가슴속 깊은 곳에 상당히 크게 자리 잡고 있던 모양이다. 그래서 정작 정옥분이 보이질 않게 되자 마음이 심란하고, 이유 없이 속이 타는 이상한 날들이 며칠간 계속되었다.

개태사 철확(대형 무쇠솥)(Naver, 블로그, '마리안의 여행이야기' 중에서 전재)

그리고 며칠 후에 다시 정옥분이 개태사 아래의 자기 집에 갔다가 열성이네 집으로 돌아왔다. 그날부터 아버지 최진각 영감도 어머니 허씨 부인도 정옥분을 친딸처럼 대하면서 이전보다도 훨씬 더 귀여워하시고 아끼면서, 정옥분이 말하는 것은 거의 다 들어 주셨다. 열성이의 마음속에도 기쁨이 가득 들어찼지만, 왠지 한층 더 불만도 커졌다. 그래서 부모님께 자기의 걱정을 이야기하면, "남자가 쩨쩨하게 여동생을 다 시샘한다." 하고 나무라셨다. 그래서 열성이는 왜 자기가 불안한지를 확인하기로 마음먹고 속으로 여러 가지를 준비하였다.

　그런데 정옥분이 돌아온 후 며칠이 지난 날부터 마을에는 작은 소동이 끊이질 않았다. 갑순이네 집에서는 키우던 닭들이 무엇에 잡혀갔고, 물려 죽기도 하였으며, 다음은 을순이네 집에서 키우던 오리가 사라졌고, 또 그 며칠 뒤엔 병구네 집에서 키우던 강아지가 물려갔다.

　그래서 급기야 마을 사람들은 "가축을 물어가는 괴물을 잡자." 하는 의견에 모두 동의하여 일치된 행동을 하게 되었다. 즉 사람들은 무엇이 그런 몹쓸 짓을 하는지 밤에 마을을 지키면서 우선 살피고 괴물의 정체를 파악하려고 하였다. 그리고 그 몹쓸 괴물을 합심하여 잡자고 하는 귀띔과 통문을 돌렸다. 그리고 마을의 자경단(自警團, 마을 스스로를 지키기 위한 경비 단체)을 조직하였다.

　그래서 자경단이 밤마다 동네를 두 바퀴나 돌고, 산 아래까지 살피건만 그들은 무엇이 동네의 가축을 해코지하는지 알아내지 못하였다. 그만큼

주도면밀한 놈의 짓이었다. 그리고 그것은 매봉산에서 내려온 것이 아닐 수도 있고, 오히려 높은 남쪽의 함박봉이나 깃대봉, 아니 그보다 훨씬 더 멀리 대둔산이나 혹은 계룡산에서 내려올 수도 있는 짐승으로 사람들은 생각하기도 하였다.

조용했던 작은 시골 마을에 때아닌 괴물 소동이 일어나고 있었고, 다행히 괴물은 사람을 대상으로 하진 않았지만, 가축을 공격하여 물어 죽이거나 물고 가는 일이 빈번하게 일어나고 있었다. 그에 따라서 마을 사람들은 차츰 당황해 하고, 겁을 먹고, 조심하는 공포 분위기가 점점 넘쳐났다.

그렇게 불안한 날이 며칠 더 지난 어느 날, 열성이는 형들이 활동하고 있는 자경단에 들어가서 저녁에 같이 마을을 돌아보려고 하였다. 그러나 형들이 "너는 집에 가서 공부나 하거라." 하고 따라가지 못하게 말해서, 하는 수 없이 그냥 집으로 돌아올 수밖에 없었다.

그런 일이 있은 지 며칠이 지난 어느 날 밤, 열성이는 집의 사랑방 윗방에서 앉아 글씨를 썼다. 졸리는 잠을 쫓으며 3경(밤 열한 시에서 새벽 한 시 사이)이 지나고 4경이 될 무렵까지 참았다. 그때였다. 밖에서 이상한 바람 소리가 들렸다. 그리고 이상한 예감이 휙 스치고 지났다. 그래서 얼른 불을 끄고 문구멍을 통해서 밖의 마당을 바라보니 으스름한 달빛에 정옥분이 마당에 나와 서 있었다.

정옥분은 조심스럽게 안방과 사랑방은 물론 주위를 차례로 살피고는 펄쩍 뛰어오르며 재주를 한 번 넘었다. 그러자 이게 웬일인가? 열성이는 자기 눈을 비비면서 숨도 못 쉬고 자세히 보았는데, 정옥분은 온데간데없고 마당에는 붉은 여우가 한 마리 서 있었다. 여우는 달을 향하여 앞발을 들고 머리를 흔들었다.

그랬더니 집 앞에 나와 있던 삽살이가 낑낑하면서 다 죽어가는 신음 소리를 조그맣게 내면서 뒷걸음질로 제집으로 기어들어 갔다. 여우는 흘낏 삽살이를 보더니 그냥 훌쩍 담을 넘어갔다. 그러자 바람이 휙휙 집안을 휘돌았다. 열성이는 너무 무섭고 기괴해서 등에 식은땀이 흘렀고, 입 속의 침이 바싹 마르면서 혀가 굳어서 아무 말도 할 수 없었다.

한참을 저도 모르게 사시나무 떨듯이 떨고 있다가 가까스로 일어나 용기를 내어 밖으로 나왔다. 그리고 조심조심 우물로 가서 물을 한 두레박 떠서 마시고, 천천히 삽살이를 보았다. 삽살이는 한쪽 구석에서 고개를 쑤셔 박고 온몸을 들썩이며 떨고 있었다. 그래서 낮은 목소리로 "삽살아! 삽살아!" 하고 부르니 그제야 꼬리를 조금 흔들면서 고개를 들었다. 열성이는 손을 뻗어 삽살이를 다독거리고 나서, 다시 그 옆의 외양간에 있는 암소를 보았다.

암소도 몸을 떨고 있는 것이 분명하였고, 열성이가 소의 등에 손을 올렸다가 아랫배로 천천히 쓸어내려 보니 암소의 몸은 온통 땀으로 범벅이 되어 있었다. 그래서 우물에 가서 물을 퍼서 구유에 부어주었다. 암소는 찬물을 한 동이나 더 마시고 나서야 떨기를 마치고 제 자리에 앉았다.

열성이는 얼른 암소 옆에 앉아서 어떻게 사건이 변해 가는지를 보려고 하였다. 한식경이 지나고 나서 괴이한 회오리바람이 "휘이익" 하며 불었고, 그 바람에 나뭇잎이 "쏴아" 하는 소리를 내며 흔들렸다. 열성이는 얼른 몸을 더욱 낮추면서 고개를 소의 등 뒤에서 아래로 숙이면서 조금만 들었다. 좀 지나서 여우 한 마리가 마당 안으로 나르는 듯이 담을 넘어왔다. 그리고 다시 달을 향해서 앞발을 들고 괴상한 몸짓을 하며 작은 소리로 "캥캥캥" 하더니 재주를 훌쩍 넘었다. 그랬더니 이번에는 여우는 사라지고 정옥분이 홀연히 나타났다. 열성이는 하마터면 소리를 지를 뻔했는데, 이를 악물고 참으며 제 볼을 힘껏 꼬집어 보았더니 무척 아픈 것이 꿈이 아니고 생시였다.

열성이는 외양간 밖으로 뛰어나가려다가 얼른 제 다리를 다시 세게 꼬집으면서 참았다. 정옥분은 다시 안방이며 사랑방, 행랑채 등 주위를 살피더니 우물가로 가서 물을 퍼서 조금 마시고는, 개집 쪽을 슬쩍 살폈다. 삽살이는 감히 짖지도 못하고 낑낑 소리를 내며 온몸을 떨었고, 그 삽살이를 흘낏 본 정옥분은 살그머니 문을 열고 행랑채 윗방으로 들어갔다.

이런 일을 목격한 열성이는 온몸이 굳어서 움직일 수 없었다. 비틀거리는 걸음을 조심스레 옮겨서 사랑채 윗방으로 기어서 들어갔다. 열성이는 옷을 벗고 잠을 자려고 해도 잠이 오질 않았다. '내일 이 일을 어떻게 처리할까?' 하고 고민하다가 닭이 울고 새벽이 되어서야 잠깐 눈을 붙였다가 바로 잠이 깨어 일어났다. 무섭고 걱정이 되어서 더는 잠을 잘 수가 없었다.

아직 부모님이 일어나시기 전이지만 열성이는 밖에 나와서 안방 문을 두드리며 안부를 물었더니, 들어오라고 두 분이 같이 대답하셨다. 이미 깨어 계셨지만, 일어나진 않으신 것이다.

열성이는 들어가서 문안드리고, 형들을 깨워서 안방에 모이게 하였다. 그리고는 어젯밤에 보았던 일을 상세히 말씀드리고, 정옥분이를 집에서 내보내야 한다고 주장하였다. 그 말을 들은 형들과 부모님은 좀 이상하다 는 듯이 눈을 좁게 뜨고 깜박이면서 열성이의 말을 듣고 있었다.

듣고 있던 어머니가 먼저 말씀하셨다.

"열성아, 수양딸 옥분이가 맘에 들지 않으면 그 점을 말해야 하지……. 쓸데없는 모함은 우리 집안을 부끄럽게 하고, 또 자칫 집안을 파멸시키는 길이다. 열성이 너는 전심전력으로 공부나 해라. 집안 일은 아버지와 형들이 알아서 할 것이니 걱정하지 말거라."

어머니는 반은 열성이를 달래고 반은 타이르면서 나무라셨는데, 그 말씀이 아주 단호한 목소리였고, 그래서 열성이의 폐부를 아프게 찔렀다.

열성이는 절대 정옥분을 모함하는 것이 아니고 자기가 본 일을 말하는 것이라고 변명했지만 모두 신통치 않게 여기는 눈치였다. 그런데 그날 마을에서는 개똥이네 집의 송아지가 무언가에 물려서 죽었고, 내장을 파내 갔다고 하는 소문이 들려왔다.

다시 며칠이 불안하게 흘렀다. 그날도 열성이는 관동리 향교 아래의 서당에서 공부를 계속하였지만, 잡생각이 많이 나서 배움에 영 진척이 없었다. 그렇게 공부를 제대로 못 하자 훈장님은 열성이를 단단히 꾸짖고는 종아리를 걷어 올리게 하여 아픈 매까지 몇 차례 치셨다. 아무리 '약 매'라고는 하지만 열성이는 이제까지는 훈장님으로부터 매를 맞은 적이 없었다. 그래서 열성이에게 오늘은 정말로 부끄럽고도 한심한 날이었다. 또한 훈장님이 걱정하시며, 나무라는 말씀을 여러 가지로 하셨다.

훈장님의 엄하고 따가운 말씀이 저녁때까지도 귓가에 맴돌고 있었다.

"귀신에 씌면 사람이 돌아서 자기의 본분을 잊고, 선악은 물론, 옳고 그른 행동의 판단을 제대로 하지 못하며, 일상을 잊어버려서 딴사람이 된다. 방법은 오직 하나 스스로 책망하고, 다잡는 것 외에는 길이 없다. 열성이는 송곳으로 발바닥을 찌르면서 정말로 정신 차려서 잡념을 끊고, 오직 공부와 수신(修身)에 집중하거라. 알았느냐?"

훈장님은 나무라시면서 회초리를 여러 차례 치셨다. 그러시는 훈장님의 엄한 얼굴과 진실로 걱정이라는 표정이 열성이의 가슴을 짓누르고 있었다.

서당에서 집에 와서도 열성이는 사랑채 윗방에서 혼자 고민을 하면서 반쯤 모로 누워서 걱정만 하고 있었다. 밥을 먹으라고 하는 어머니의 부름에 안방으로 들어가서 밥상 앞에 앉았지만, 저녁밥도 먹는 둥 마는 둥 하였다. 그리고는 얼빠진 사람 모양으로 사랑채 윗방에 다시 들어가서 웅크리고 앉았다. 입으로는 끙끙 앓는 소리가 나오는 것을 이를 악물며 간신히 참았다. 그러다가 자기도 모르게 잠깐 잠이 들었다.

그러나 깊은 잠이 든 것은 아니었던 모양이다. 얼마쯤 지났을까? 아마 2경이 끝나고 3경이 시작되는 때인 듯하다(밤 11시경쯤). 눈을 뜨고 어떻게 정옥분 문제를 처리해야 하는지 아무리 생각해도 부모님들과 형들은 정옥분의 계략에 속아서 자기의 말을 듣지 않을 것이고, 움직이지 않을 것이라는 걱정이 가슴을 짓눌렀다. '어떻게 증거를 잡느냐?' 하는 것이 제일 중요한 일인데 만일 정옥분이 여우로 변했을 때 소리를 지르면 그 즉시 부모님과 자기와 형제들의 생명이 위험해질 것이라는 걱정에 머리가 터질 듯이 아팠다.

3경이 깊어진 때에 회오리바람 같은 일진광풍이 소리와 같이 불더니 열성이 방의 기름 등잔불이 흔들거렸다. 열성이는 숨을 죽이고 입으로 김을 불어서 등잔불을 껐다. 그리고 마당 쪽을 보니 달빛이 희미한 스무사흘 밤인데, 얼핏 그림자가 마당에 어른거렸다. 가만히 내다보니 흰옷을 입은 사람은 정옥분이 분명하였다. 정옥분은 천천히 삽살이 집 쪽으로 걸어갔다. 삽살이는 짖지도 못하고 그저 가느다랗고 날카로운 비명을 낮게 지르며 온몸을 떠는 듯하였다.

정옥분은 한참을 내려다보고 있다가 돌연 펄쩍 뛰어올랐다가 재주를 넘으면서 땅에 내려왔다. 그러자 이게 웬 조화인가? 정옥분은 온데간데 없고 전에 한 번 보았던, 흰옷을 걸친 붉은 여우가 한 마리 나타나서 허공을 향해서 앞발을 흔들었다. 그리고는 삽살이 집에 앞발과 머리를 들이밀고는 별로 움직이지 않았는데 삽살이가 제집 바닥과 벽을 발로 긁는 소리

가 조금 들리고는 조용해졌다. 그리고 흰옷을 벗은 여우는 삽살이를 개집 밖으로 꺼내서 목과 가슴을 물어뜯어서 죽이고 무언가를 먹기 시작했다. 순식간에 삽살이를 내동댕이치고는 여우는 다시 훌쩍 담을 넘어서 밖으로 사라졌다.

열성이는 숨을 죽이고 밖을 보다가 전신이 딱딱하게 굳어졌고, 엄동설한에 맨발로 얼음판에 서 있는 사람 모양으로 온몸을 떨기만 하였다. 그러다가 정신을 가다듬어서 밖에 나가보니 삽살이는 이미 죽었고, 내장이 빠져나와 있으며, 비린내가 진동하였다. 열성이는 다시 외양간에 가서 암소를 보니 덩치가 큰 암소 역시 사시나무 떨듯이 몸을 들썩이며 떨고 있었다. 열성이는 암소가 불쌍하여서 우물에서 물을 퍼서 암소의 여물통에 부어주었더니 그 물을 다 먹은 후에야 암소는 진정이 되는 모양이었다.

열성이가 다시 암소 옆에서 한식경을 기다렸더니 다시 회오리바람이 불면서 붉은 여우가 담을 넘어와서는, 여기저기 살피고 재주를 넘자 정옥분으로 바뀌고, 그 정옥분은 우물가에 가서 물을 퍼서 마시고는 땅에 떨어진 흰옷을 주워서 걸쳤다. 그리고 옷매무새를 고친 후에 우물물을 퍼서 손발을 닦고 행랑채 윗방으로 들어갔다.

다음날 새벽에 열성이네 집에서 큰 소동이 났다. 무언가가 열성이네 삽살이를 물어 죽이고 내장을 꺼내먹다가 놓고 갔다는 것이다. 그리고 이웃 동네에서는 암소가 물려 죽었다고 하였다. 소문만 듣던 횡액이 드디어 열성이네 집에서도 일어난 것이다. 열성이는 다시 안방에 들어가서 부모님의 문안을 여쭈면서 안부를 살폈다. 여느 때와 별로 다르지 않았고 조용하였지만, 어머니와 아버지의 얼굴에 수심이 가득하였다. 그를 본 열성이는 가슴이 미어지는 듯하였다. 어젯밤에 보았던 광경이 떠올라서 몸서리를 치면서 형들을 불러내서는 천천히 형들의 얼굴을 살피면서 마음을 단단히 가다듬고, 천천히 말하였다.

"아버님, 어머님……. 그리고 형님들! 이제는 정말 중대 결심을 해야 할 때입니다. 정옥분을 집에서 내보내시고 수양딸을 파하시길 바랍니다."

그러나 어머니는 머리를 흔드셨고, 아버지는 "그럴 수는 없다. 무슨 증거가 있느냐?" 하셨고, 형들도 아버님의 말씀에 동조하는 듯 고개를 끄덕였다. 열성이는 어젯밤에 보았던 일을 자세히 이야기하였다. 그러나 그 말을 뒷받침할 증거는 아무것도 없었다.

둘째 형이 드디어 "어제 네가 그런 것을 보았다면 왜 소리쳐 우리를 깨우고 부르지 아니했느냐? 소리쳐서 불렀다면 우리가 직접 눈으로 증거를 볼 수 있지 않았겠나?" 하고는, "쓸데없이 남을 모함하지 말아라."라고 말하였다.

방 안에서 흘러나오는 말을 밖에서 듣고 있던 정옥분이는 땅바닥에 꿇어앉아서 "아버님, 어머님, 열성오빠의 말대로 저를 밖으로 내쫓아 주십시오." 하면서 눈물을 흘리고 있었다.

그를 본 아버지와 어머니는 정옥분이를 달래면서 "울지 말거라, 옥분아……. 그런 일은 없을 것이다." 하시고는, 아버지가 한껏 목소리를 가다듬어서 열성이를 나무랐다.

"열성이는 아주 불효자다. 하라는 공부는 게을리하고, 쓸데없이 함부로 말을 지어내서 부모와 식구들의 마음을 불편하게 하고, 우리의 입장을 난처하게 한다."

아버지는 엄한 목소리로 열성이를 혼냈다.

"내가 며칠 전에 서당의 훈장님으로부터 너에 대해서 들은 것이 많지만, 아직은 참는 중이다."라고 말씀하시면서 힘들어서 분을 삭이는 모습이셨다.

그리고 "자기의 부족한 것을 갈고 닦을 생각은 하지 않고, 남을 모함하는 말을 하니 참으로 대장부로서 부끄러운 일이다. 정신 차려라. 오늘은 네가 정신을 차리라고 회초리를 칠 것이니 가서 한 다발 만들어 오거라." 하고 엄명을 내렸다.

밖으로 나간 열성이는 울안의 담 아래에서 조릿대 나무 두 개와 황매화 나뭇가지 세 개를 꺾어서 매를 만들었다. 그리고 한참을 서서 '어떻게 할까?' 하고 생각하다가 매를 가지고 방으로 들어갔다. 그냥 들어가지 않으면 아버지가 모른 체하고 넘어가실 때도 있기 때문이다. 그러나 이번은 아버지의 명이 너무 단호하셔서 달리 어찌해 볼 도리가 없었다. 천천히 방문을 열고 들어가서는 매를 아버지, 어머니가 앉아 있는 앞에 놓고 나서 "아버지, 어머니, 제가 부모님 마음을 불편하게 해드려서 죄송합니다."라고 말하면서 바지를 걷어 올려서 종아리를 드러내고는 아버지 앞에

옆으로 섰다.

최 영감은 매를 들어 열성이의 종아리를 몇 대 때렸다. 그리고는 "만일 다른 사람들이 너의 말을 들으면 아마도 네가 귀신한테 홀려서 정신이 혼미해졌다고 한결같이 말할 것이고, 최씨네 집안·허씨네 집안이 망조가 들었다고 할 것이다. 그러니 남의 입에서 이상한 말이 나오지 않도록, 다시는 이 일에 대해서는 이야기하지 말아라."라고 말씀하면서 다시 회초리로 몇 대 더 때렸다. 그러자 회초리 하나가 부러졌고 열성이 종아리에는 붉은 매 자국이 선명하게 나타났다.

그래도 아버지는 마음이 답답하신지, 큰아들과 둘째 아들에게도 말씀하셨다. "너희는 도대체 열성이가 저런 고민을 하느라고 공부를 하지 못하고 있는 것을 몰랐단 말이냐? 너희들도 회초리를 맞아야 하겠다."라고 말씀하시면서, 먼저 큰아들의 종아리를 몇 대 때렸다. 이어서 다시 둘째 아들의 종아리도 몇 대 때렸다.

그리고는 "너희 셋이서 함께 상의하고, 서로 도와주면, 아무리 어려운 일이라도 해결할 수 있는 것이다. 모두 정신 차려라. 무엇이든 행동에는 바르고 확실한 믿음이 있어야 한다. 신뢰할 수 없는 행동을 해서는 안 된다. 그리고 동생이 모르고 행동하면, 알려주고 가르치면서 서로서로 돕고 인도해야 한다."라고 말씀하셨다. 이어서 "매 다섯 개를 한데 묶어서 꺾으면 잘 꺾어지지 않는다. 그러나 하나씩은 쉽게 꺾어지는 것이니 서로 합심하거라." 하시면서 매를 내려놓았다.[8]

아들 셋은 모두 고개를 숙여서 부모님께 인사드리고 "앞으로 더 열심히 일하고 서로 돕겠습니다."라고 이구동성으로 말하였다. 사실 큰형과 둘째 형은 열성이 때문에 아무 잘못도 없이 매를 맞은 것이다. 그러나 셋은 모두 한결같이 아무런 불평이 없었고, 매를 맞고 나니 오히려 무거웠던 어깨가 가벼워지는 것을 동시에 느꼈다. 즉 마음이 아주 후련해진 것이다. 이것이 부모님이 내리는 약 매의 효과이다.

셋은 부모님께 "편히 쉬십시오."라고 고개 숙여 인사하고는 안방을 나와서 서로 어깨를 두드리면서 "앞으로 합심해서 잘해 보자!" 하고 서로를 격려하였다.

오랫동안 '유교의 덕을 배우면서 학문을 해온 뼈대 있는 집안'이라는 생각이 마음속에 있었기 때문에 부모님에게서 회초리를 몇 대 맞는 것은 오히려 영광스러운 사랑의 매로 생각하는 형제들이었다. 그날 밤은 열성이도 사랑채 윗방인 자기 방에서 잠에 푹 빠져서 깊은 잠을 잘 잤다.

그 후 며칠은 열성이네 집에서도, 서당에서도 아주 조용한 날들이 지나 갔고, 집안에 새로운 화기가 감돌면서 모두 밝은 표정들이 살아났다. 그리고 사람들 얼굴에 생기가 돌았으며 동네가 조용하였다. 무엇보다 늘 불안하던 열성이의 마음이 편안해지고 공부가 잘되었다는 것이 중요했다.

....

8) 최효찬(2006), 《세계 명문가의 자녀교육》, 유태인 최고 명문가 로스 차일드 가 '부모의 말 한마디가 세상을 바꾼다', pp. 100-125

어쩌면 이번 가을에는 소학이나 대학을 배울 수 있을 것 같은 느낌이 들면서 자기의 학습에 대한 자신감이 용솟음치고 있었다.

서당에서도 훈장님이 열성이를 칭찬하시면서 "요즘 열성이가 본래의 열성이로 돌아온 모양이다. 공부도 잘하고 잡념도 없는 듯하고, 아주 말과 행동이 맑고도 진취적이다. 오랜만에 나를 기쁘게 해 줘서 참 고맙다."고 하시고, 열성이의 학업 태도와 성취를 칭찬해 주셨다.

그리고 며칠 동안은 온 동네도 열성이네 집처럼, 그리고 서당에서도 조용하였고, 평온하게 흘렀다. 불행한 일도, 횡액도 나타나지 않았고, 모든 일이 평화롭고 순조롭게 잘 진행되었다. 마치 큰일이 지나고 난 후의 평온함인 듯도 하고, 아니면 큰일이 닥치기 전의 불안을 감추는 조용함처럼 며칠 동안 평온한 날들이 계속되었다.

그러던 어느 날 여름철의 더위가 사람들의 마음을 해이하게 하고, 차림도 조금은 흐트러뜨리고, 대문이나 방문도 열어서 바람이 서로 잘 통하게 해야만 하는 밤이었다. 열성이네는 마당에 멍석을 두 장이나 깔고, 온 식구들이 모여서 수제비를 뜨고, 삶은 강낭콩과 호박전을 부쳐서 같이 저녁을 맛있게 먹었다.

그리고 모기가 달려들지 못하도록 산에서 베어온 풀과 보리 짚을 섞어서 모깃불을 몇 군데에 지폈다. 집안은 순식간에 온통 모기를 쫓아버리는 연기로 가득 찼다. 다른 사람들은 그냥 멍석에 앉아서 더위를 식히면서 이런저런 이야기를 해가면서 부침개를 먹는데, 정옥분만은 연신 기침을 캑캑하면서 손으로 연기를 흩으면서 참다가, 결국은 참지 못하고 방안으로 먼저 들어가서 문을 닫고는 나오지 않았다.

열성이도 내일 배울 글을 외기 위해서 사랑방 윗방으로 들어가서 문을 닫고 공부를 하였다. 공부는 더위 때문에 잘되지는 않았지만, 그래도 정신을 차려서 암기하려고 애를 쓰면서 읽었다. 짧은 여름밤은 벌써 3경이 끝나가고 있었고 마당에 있던 식구들도 모두 들어가서 이제는 불도 다 꺼졌고, 아무도 멍석 위에는 없었다. 열성이는 잠을 쫓기 위해서 다시 방문을 열고 나와서 뒷간에 갔다. 저녁에 수제비를 너무 많이 먹어서 배탈이 난 듯 뒷간이 급했다.

한참을 앉아 있는데 다시 행랑채에서 정옥분이 나오더니 화장실 쪽으로 왔다. 열성이는 기침해서 자기가 뒷간에 있다는 것을 알리려고 하는데, 정옥분이 펄쩍 뛰어서 재주를 넘더니 다시 붉은 여우로 변했다. 여우는 소 외양간으로 천천히 걸어갔다. 암소가 "쉿쉿쉿" 하면서 소리를 내고, 머리를 흔들어서 몸이 움직일 때마다 멍에에 매달린 방울이 딸랑딸랑하고 소리를 냈다. 그러나 얼마 지나지 않아서 그 소리는 모두 그쳤다.

열성이는 조심스레 일어서서 뚫린 구멍으로 외양간을 살펴보았다. 여우는 외양간으로 들어가서 암소 뒤로 다가갔다. 그리고 암소의 꼬리를 왼발로 받쳐 들고 오른발을 암소의 항문에 깊이 찔러 넣었다. 소는 아무런 저항도 하지 못하고 이내 쓰러졌다.

여우는 암소의 간을 꺼내서 먹었다. 한동안 그러고 있더니 여우가 킁킁

하고 무슨 냄새를 맡는 소리를 내더니 먹던 간을 들고 외양간에서 나와서 나는 듯이 담을 넘어서 밖으로 나가 버렸다. 그제야 제정신이 든 열성이가 화장실에서 나와서 보니 암소는 이미 눈을 크게 뜨고 옆으로 누워서 죽어있었다.

열성이는 언제 여우가 담을 넘어올지 몰라서 겁이 버럭 나서 바로 사랑채 윗방으로 뛰어 들어와서 문을 잠갔다. 온몸이 사시나무 떨듯 떨리고 있었다. 그러면서도 빨리 날이 새길 기다렸는데 여름밤은 매우 짧아서 이내 동녘이 밝아왔다.

열성이가 아침 일찍 마당에 나가보니 언제 들어왔는지 정옥분은 행랑채 어멈과 같이 부엌에서 아침 준비를 하고 있었다. 그를 본 열성이는 더욱 공포감에 휩싸여서 아무런 말도 못 하고 그냥 우물가에서 물을 퍼서 찬물로 손발을 닦고 세수를 하였다. 그리고는 외양간을 잠깐 들여다보았다. 열성이네 식구들이 아끼고 아낀 암소가 죽어서 옆으로 쓰러져 있었다.

열성이는 더는 참지 못하고 안방과 윗방, 사랑채 아랫방 등에 큰소리로 "우리 암소가 죽었어요! 빨리 나와 보세요!"라고 외치면서 안방 문을 열었다. 열성이의 외침에 온 식구들이 모두 일어나 맨발로 뛰어나와서 외양간을 들여다보았고, 암소가 커다란 눈을 뜨고 죽어있는 것을 보고는 모두 몸서리를 쳤다.

열성이네 식구들이 큰소리로 "우리 소를 살려내라!" 하고 외치자 동네 사람들도 담 넘어 울안을 기웃거리면서 안에서 나오는 말을 들으려고 웅성웅성하면서 모여들었다. 열성이는 얼른 대문을 열어서 동네 사람들이 들어와서 보게 하였고, 사람들은 최진각 영감이 무슨 말을 하는지를 들으려고 하였다. 최 영감과 허씨 부인, 그리고 큰아들과 작은아들은 모두 제정신을 잃고 "웬일이야? 왜 하필 우리 암소가 당했나요?" 하고, 맥없는 말만 큰소리로 외치면서 체면도 잃고 섬돌에 주저앉아서 허둥대었다.

참고 참던 허씨 부인이 갑자기 통곡하면서 울기 시작하였다.

"아이고 어찌할까나요? 그토록 아끼고 거두던 우리 암소가 왜 죽었나요? 이제 어떻게 암소를 살리고 또 어떻게 농사를 짓는단 말인가요?"

처음부터 계속하던 소리였지만, 같은 소리를 반복하면서 울고 통곡하는 소리에 집안은 한층 더 처량하고 황망하였다. 울음소리에 정신을 차린 열성이가 드디어 큰 소리로 외쳤다.

"모두 저 정옥분이 한 짓이네요. 저년을 내쫓아야 해요!" 하고 고함치듯이 외쳤다.

그 말에 정옥분은 마당에 꿇어앉으면서 "어머님, 아버님, 동네 어르신들, 보세요. 제가 어떻게 암소를 죽인단 말입니까?" 하고 고개를 숙이고, 어깨를 들썩이고 울면서 간신히 말을 하였다.

그러자 열성이가 악을 쓰며 "어젯밤에 저것이 암소를 죽이는 것을 나는 보았어요. 저것이 여우로 변해서 우리로 들어가서 암소를 죽이고 간을 꺼내서 먹었어요!" 하며 소리쳤다.

그 말에 정옥분은 "저 같은 어린 여자애가 어떻게 암소를 죽이고 간을 꺼내먹는단 말인가요? 정말로 억울해요!" 하고 울면서 호소하듯이 간신히 말을 하였다.

모두가 잠시 조용해지더니 이내 여기저기서 "어떻게 여우가 사람으로 둔갑할 수 있나?", "어떻게 저런 어린 여자아이가 암소를 죽이고 간을 꺼내먹는단 말인가?", "암! 말이 안 되고말고. 옥분이는 정말로 억울하다." 라고 하는 등등의 소리가 다시 담의 안과 밖에서 동시에 들리고 웅성웅성하였다.

그러자 잠자코 듣고 있던 최 영감이 열성이를 향하여 일갈하셨다.

"가뜩이나 소중한 암소가 죽어서 마음이 무겁고 황망하여 참기 힘든 이런 때에, 너는 저 옥분이마저 없어지기를 바라느냐? 그게 사람이 할 말이냐? 설사 너와 같은 사내아이라도 암소를 죽이기는 힘든 일을 저 연약한 옥분이가 했다고 그러는 거냐? 네가 정녕 사람이냐? 인두겁을 쓴 도깨비 귀신이냐?" 하고 소리치시더니 숨을 한 번 크게 들이쉬고 우물에서 바가지에 찬물을 퍼서 벌컥벌컥 마셨다.

그리고는 "열성이 너는 도저히 안 되겠다. 왜 어려운 일을 당한 우리 집안의 상처를 다시 헤집고 소금을 뿌리는 말을 한단 말이냐? 사람으로서 도저히 안 될 일이다." 하고 혀를 차시고는 다시 말씀하셨다.

"이놈아, 그래 저 옥분이는 죽은 암소보다도 더 작은 체구의 여자 몸이다. 어떻게 더 큰 암소를 죽이고 간을 먹는단 말이냐? 말이 되는 소리를 하여라! 또, 그렇게 함부로 말하면 옥분이는 어떻게 되느냐? 사내자식이 그래 저보다도 작은 연약한 여자아이에게 누명을 씌운단 말이냐? 너 같은 놈은 도저히 말로는 안 되겠다. 남자가 채신머리가 있어야 하느니라." 하고 분이 솟아서 열이 나는지 물을 한 바가지를 흘려가면서 더 들이켰다.

그리고는 차분히 그러나 아주 또박또박 강한 톤으로, "열성이는 오늘 당장 짐을 싸서 집을 떠나거라. 너와 같은 심술꾼을 더 집안에 두었다가는 패가망신하게 된다. 재앙을 막기 위해서 어쩔 수 없다. 더는 너를 집에 둘 수 없다."라고 말씀하셨는데, 분이 치받혀서 식식대면서 간신히 말을 이으셨다.

그리고는 허씨 부인과 열성이 형제들을 돌아보면서 "저놈이 나가도록 짐을 꾸려주시오. 너희들도 저 열성이가 나가는 것을 동구 밖까지 데려다주고 오거라." 하고 다른 말을 하지 못하게 모두에게 못을 박아버렸다.

열성이는 고개를 숙이고 아버지 최 영감과 어머니 허씨 부인의 얼굴을 올려다보았다. 다른 말을 붙일 수 없는 단호함이 최 영감의 얼굴에 흐르고 있었다. 이미 정옥분의 일로 한차례 회초리를 든 일도 있어서 아버지는 열성이를 당분간은 집에 둘 수 없다고 판단하신 것이다. 말하자면 열성이는 정옥분 때문에 아주 불효자가 된 것이다.

하는 수 없이 일어난 열성이는 비틀거리며 사랑채의 윗방으로 들어가서 책을 한 보따리 챙겨서 자루에 담고, 옷도 한두 가지 세탁한 것과 바느질하고 다림질한 것을 골라서 자루의 빈 곳에 밀어 넣고는 멜빵을 만들어서 어깨에 둘러메었다. 마당에 내려서니 큰형이 자루를 열성이 어깨에서 내려서 자기가 메었다. 끈이 좀 작아서 다시 조금 길게 늘여서 어깨에 멨다.

작은형은 한 손으로는 열성이 손을 잡고 다른 손으로는 열성이의 보자기를 뺏어 들었다. 그리고는 큰형과 같이 셋이서 아버지 최 영감과 어머니 허씨 부인에게 차례로 인사를 하면서 두 분의 건강과 기력의 강녕을 빌었다.

이어서 대문 쪽으로 걸음을 옮겼다가 다시 뒤로 돌아서 안채의 성주님과 사랑채와 행랑채, 헛간과 외양간을 향해서도 각각 절을 하고, "불효자인 제가 떠나 있는 동안에 집안에 횡액이나 어려운 일이 생기지 않도록 해주십시오." 하는 기원과 함께 연신 고개를 조아리면서 절을 하였다. 이런 이별 행사가 끝나자 열성이는 형들이 이끄는 대로 걸음을 옮겨서 여수고개 연못으로 향하는 길을 말 없이 천천히 걸었다.

여수고개 연못에 다다라서는 다시 고개를 돌려서 명암리 마을과 나와 있는 동네 어른들을 보고 또 한 번 고개를 깊이 숙여서 절을 하면서 "모두 무사히 안녕히 계십시오." 하고 빌면서 동네를 굽어보았다.

어렸을 때부터 친구들과 같이 뒹굴면서 달리기, 숨바꼭질, 술래잡기, 자치기, 줄다리기, 땅따먹기 등등을 하며 놀던 기억이 새로워서 열성이는 차마 걸음을 옮기지 못하고 형들에게 끌려서 걸어갔다.

조금 걷다가 큰형이 "열성아, 어디로 갈 것이냐? 생각해 둔 곳이 있느냐?" 하고 물으면서 어깨에 멘 책 자루를 추슬렀다.

열성이는 대답 대신 두 형님의 얼굴을 보았다.

사실 그는 이미 생각을 굳혀서 갈 곳을 정하고 있었다. 동북쪽으로 삼십 리 길을 가면 명산인 계룡산이 있고, 그 계곡 속에 '숫용추'라는 폭포호수가 있다고 했다. 그리고 그 호수 옆에 있다는 도사를 찾아가기로 했다. 그래야만 정옥분으로 변신하는 여우를 처치할 수 있을 거라고 믿고 있었다. 그러나 모든 생각을 정리하기엔 아직은 어린 나이였으므로, 분주하게 여러 생각을 가지고 정하진 못하였다.

그에게는 정리가 되지 않는 일과 사람이 몇이 있다. 첫째는 부모님의 안위에 대한 고민이었고, 둘째는 학업과 스승에 대한 일이었다. 셋째는 자기 자신의 불안한 장래였다. 그래서 형님들에게 "좀 쉬었다가 가시지요." 하고 여수고개 연못의 위편 산기슭의 나무 아래에 앉았다.

열성이는 앉았다가 이내 다시 일어나서 두 형에게 허리를 굽혀서 절을 하면서 말했다.

"두 분 형님은 이제 건장하신 대장부시니 제가 걱정은 하지 않겠습니다. 그러나 연로하신 아버지와 어머니는 이제 기력이 쇠하셔서 무슨 일이 나면 피하기도, 대적하기도 어려우실 것입니다."라고 말하고는 조금 말을 끊었다. "두 분 형님은 제발 부모님을 교대로라도 살피시고, 정옥분을 항상 경계하시길 부탁드립니다." 하고 말을 끝냈다.

큰형님은 막내가 아직도 어설픈 걱정을 하고 있다고 생각하면서도 떠나는 동생의 길을 편하게 해주기 위해서 "열성아, 쓸데없는 걱정은 당분간 하지 말고, 어디에서건 오직 글공부와 신체 단련에 힘써라. 이제는 과거 시험에서 문관들도 상당히 무예를 단련해야 합격이 되고, 임관도 된다고 하는 방(榜)이 성균관에 떴다더라." 하고 동생을 걱정하며 말하였다.

둘째 형도 "그래, 열성아! 어디에 가서 자리를 잡고 학업을 계속하게 되면 아마도 돈이 필요할 것이니, 어려우면 그냥 고생만 하지 말고 집에 기별을 보내라. 부모님께 우리가 잘 말씀드려서 너를 도울 것이니 너무 걱정하지 말아라." 하고 열성이의 등을 두드려서 용기를 북돋아 주면서 다른 보자기 하나를 열성이의 보자기 속에 넣었다. 철렁, 철렁하고 소리를

엽전 꾸러미(사진 출처 : 다음에서 전재)

내는 것이 엽전 꾸러미인 모양이었다.

큰형은 "우리가 집을 떠날 때 아버지가 '네게 주거라.' 하시면서 내게 주셨다. 아껴서 잘 쓰거라." 하고 말하면서 일어났다.

열성이는 천천히 일어나서 다시 길을 올라갔다. 이 길은 여수고개로 올라가는 작은 산길이고, 열성이가 매일 서당에 다니던 길이었다. 이런 저런 이야기를 해 가면서 여수고개 꼭대기까지 와서는 다시 묏등 옆에 앉아서 좀 쉬었다. 쉬면서 숨을 고르고 나서 열성이는 책이 든 자루를 큰

논산시 연산면의 돈암서원은 사계 김장생(金長生)의 덕행을 기리기 위해서 1634년에 설립한 서원이다. 이 응도당 건물은 보물 1,569호이며, 세계문화유산에 등재되어 있다. 한편 사계 김장생은 서울의 성균관에서도 모셔서 다른 성현들과 같이 배향·제례를 올리고 있다.
연산이 낳은 최고의 인물이 김장생이고, 이제 우리의 최열성이도 그 뒤를 이어서 한양성으로 들어간다. 응도당(돈암서원의 건물)

형에게서 받아 묶음을 열고, 돈이 든 보자기를 자루 속에 깊이 넣고는 어깨에 메었다. 묵직한 자루가 좀 부담은 되었지만 그래도 걷기에 큰 무리는 없었다.

열성이는 "형님들, 여기서 작별하겠습니다. 부모님 모시고 안녕히 계십시오." 하고 작별하면서 여수고개를 내려가기 시작하였다.

"그래, 부디 몸 성히 잘 지내라. 거처가 정해지면 바로 연락하고. 부모님이 내색은 하지 않으셨지만, 아마 속으로는 많이 울고 계실 것이다. 마음 굳게 먹고 학업에 정진 또 정진해라." 하고 여러 가지 부탁의 말을 했지만 열성이의 귀에는 별로 들어오지 않았다.

2. 계룡산에서 청년으로

    사나이 대장부가 언젠가 한 번은 부모님의 품을 떠나서 홀로 서야 하고, 스스로 세상에 나서야만 자기의 존재가 드러나는 것이지만, 오늘 집을 떠나는 열성이의 마음은 천근만근으로 무겁고 괴롭기까지 하였다. '내가 그냥 좀 더 참고 부모님의 곁에서 부모님을 보살펴 드리고, 실력을 길러서 지켜드려야 하는데, 너무 일찍 비밀을 발설하고, 아무 대책 없이 부모님 곁을 떠나는 것이 너무 불안하고 비겁하다.' 하는 생각에 가슴이 답답하였다.

    또 한편으로는 '정말로 내가 잘한 것인지, 아니면 그냥 잘못하여 발을 헛디디는 것인지 확실히 알 수는 없다.' 하는 생각과 자기 혼자서 깊은 어둠 속으로 그냥 무턱대고 나가는 듯 불안하였다.

    '그래도 일단 부모님의 영을 받들고 집에서 나왔으면 이제 사나이로 뜻을 세워서 꼭 이루어야 한다.' 하고 다짐하면서 산길을 천천히 내려갔다.

그리고는 연산 현청 앞을 지나 시장통을 거쳐서 서북쪽으로 난 길을 부지런히 걸었다. 한참을 걷다가 연산천 냇물 건너편을 바라보니, 바로 자기가 매일 다니던 관동리가 눈에 들어왔다. 그리고 그 뒤로는 연산향교의 고래등 같은 기와집의 지붕이 거무튀튀하고 칙칙하게 눈에 들어왔다. 관동리 서당 훈장님이 많이 기다리실 것이고, 말없이 떠난 것에 대해서 상당히 노여워하실 것이다. 그러나 자기가 어디를 간다고 하는 목적지와 사정을 말하고 떠나면, 비밀이 보장되지 않고, 또한 멀리 떠나라는 부모님의 엄명을 어기는 것이기 때문에 그냥 말없이 떠나는 것이 맞다고 열성이는 생각하였다.

복원한 연산현 아문. 현청은 아문 뒤에 있었다. 지금은 빈터이지만 주차장으로 쓰인다.

그래도 겉으로는 엄격하시지만 속으로는 늘 자애로우신 스승님의 모습이 부모님의 모습과 같이 떠올라서 열성이는 그쪽을 향하여 절을 하고는 부디 건강하시기를 빌었다. 그리고 발걸음을 재촉하여 고갯길로 접어들었다.

열성이는 걸음을 더욱 빨리 재촉하여 한식경을 훨씬 지나서 시오리 길

신털이봉

태조 이성계가 맨 처음 조선의 수도로 정하려고 했던 장소인 신도안의 유적. 이곳은 '수태극, 산태극'의 명당 개념에 맞는 지형이 잘 발달해 있어, 조선의 수도를 건설하려 했던 흔적이나 유적이 많이 남아있다. 여기에 정도령(정감)이란 사람이 새 왕국을 연다고 《정감록(鄭鑑錄)》이란 책에 예언으로 쓰여 있다. 왼쪽은 신털이봉(공사에 동원된 백성들이 한자리에 모여서 하루의 일과를 끝내고 신을 털면서 일을 마쳤고, 그때 짚신에 붙어있던 흙이 떨어져 만들어졌다는 산봉우리). 오른쪽은 주춧돌을 만들다 방치한 화강암 덩어리. 여러 바윗덩어리에 당시 공사를 하던 흔적이 많이 남아있다. 아마도 여기에 물을 부어서 얼린 후에 이 바위를 떼어냈을 것이다.

"화강암은 보기에 따라서 희게도 보이고, 검게도 보이는 바위이다." 그런데 《정감록》에는 "계룡산 돌이 희어지면, 천지개벽이 일어난다."라는 예언이 있는데 그 말은, 고도의 심리적인 또는 혹세무민하는 예언 구절이다. 심리적으로 절망한 사람들이 '희다.'는 말을 듣고 신선한 화강암을 보면 "정말로 어느새 희어졌다."라고 판단할 수도 있기 때문이다. 그런 말들은 《정감록》에 상당히 많이 들어 있다.

1983년 소위 620개발 사업으로 계룡대가 건설되기 직전의 신도안 전경. 장군봉(가운데의 구릉)을 중심으로 신도안 출장소의 마을이 형성되어 있다. 그리고 이 장소는 한때 이성계가 이씨조선의 수도로 건설을 시작했던 장소였다. 그 후에 임진 · 병자의 양란 후, 수많은 백성들이 절망에 빠져 있을 때 《정감록》이란 도참서가 유행하면서 전국의 유사 종교들이 이곳에 많이 모여들어서 유사 종교 촌을 이루었다. 지형상 'ᑎ자형 분지'를 이루어서 명당이라고 한다.[9]

을 걸었고, 개태사 앞을 지나고 좀 쉬었다가 다시 발걸음을 재촉하여 이십 리 길을 걸어서 올라갔다. 그래서 엄사리 마을이라는 계룡산 신도안 입구에 도착하였다. 다시 거기서 좀 쉬면서 주막을 찾아서 식사를 주문하니 점심 겸 이른 저녁 식사였다.

열성이는 요기를 하면서 거기 주막에서 일하는 여자 아낙에게 물었다. "여기서 숫용추 폭포까지는 얼마나 먼 거리인가요?" 하고 물었더니, "여

9) 주경식, 1984, '계룡산 신도안의 지리적 현황', 지리학. 〈대한지리학회지〉, Vol. 29, pp. 72–88

우백호는 음(陰), 여성을 상징하며, 우측에 뻗은 산줄기이다. 명당을 감싼다.

좌청룡은 양(陽), 남성을 상징하며, 좌측에 뻗은 산줄기이다. 명당을 감싸고 남쪽으로 조금 열린다.

조종산
북현무
주산
우백호 명당 좌청룡
안산
남주작
객수
조산

서울 한성부, 계룡산 신도안 등의 명당 개념도 : 토착 신앙인 '땅은 어머니의 품과 같다.'는 대지모(大地母) 사상과 중국의 음양오행설이 결합된 전통적인 국토관이다.

기서는 가까운 이십 리, 먼 시오리 길이니 아마 저녁 무렵 전에 숫용추 폭포에 도착은 하겠지만, 거기는 산속이라서 인가가 없지요. 그래서 쉬기가 마땅하진 않을 것이네요." 하고 대답해 주었다.

하늘을 보니 이미 해가 서편에 가 있는 저녁때에 가까운 늦은 오후 시각이었다. 열성이는 "잘 먹었구요. 길도 잘 알려주어서 고맙습니다." 하고 인사를 건네고, 다시 힘을 내어 한식경을 걸었더니 여러 가지 종교들이 모여 있는 정장마을(지도에 X라 표시)이라는 신도안에 도착하였다.

벌써 해는 높은 계룡산 줄기에 가까이 가고 있었고, 그림자가 길게 늘어지고 있었다. 그런데 열성이는 무슨 생각을 하였는지 머물며 쉴 곳도

열성이의 이동 경로. A는 숫용추 폭포이고, 신도(새도시)안 정장리 유사종교촌은 X로 표시. 여기엔 여러 종교건물, 예배당, 절, 신당, 기도소, 주막, 객주와 여각, 살림집들이 몰려있었다.

새로 건설된 계룡시 청사. 계룡시는 국방의 수도라고 일컬어진다. 출처 : 계룡시청 홈페이지

잡지 않고, 그냥 숫용추 폭포를 향해서 무작정 올라가기 시작하였다.

저녁 해 그늘에 숫용추 주변은 푸르스름하게 그림자가 물들면서 이제 차츰 어두워지려고 하고 있었다. 그 어스름에 안기듯 열성이는 숫용추 폭포 아래에 도착했다. 이어서 두리번두리번하다가, 근처에 있는 넓적 바위를 보고는 그 바위 위에 편하게 앉아서 소용돌이가 일고 있는 숫용추의 물을 지긋이 들여다보기 시작하였다.

폭포 위에서 떨어진 물이 소용돌이를 치면서 하얀 포말을 일으키고 빙글빙글 돌면서 흘러나가고 있었다. 열성이는 나가는 물과 사라져가는 포말을 들여다보면서 이내 깊은 생각에 잠긴 듯이 한참을 조용히 앉아 있었

계룡산의 숫용추 폭포 일부 사진으로 아래로는 좀 더 넓은 웅덩이가 펼쳐져 있고, 용이 승천하였다고 하는 전설이 있는 폭포라서, 자식을 원하는 사람들이 자주 치성을 드린다.

다. 주위는 차츰 어둠이 깔리고 있었고, 햇볕은 겨우 동쪽의 삼신당 능선과 시루봉 안쪽 능선의 꼭대기에 조금 걸려 있을 뿐이었다.

그때 바위 뒤에서 흰 모시로 만든 바지 저고리와 하얀 두루마기를 받쳐 입고 갓을 쓴 노인이 지팡이를 짚고 나오면서 큰 소리로 "네가 올 줄 알고 이 근처에서 기다렸다. 하하하……." 하고 큰 소리로 웃었다. 그리고 "내가 정장마을에서 기다리려고도 했지만, 아무래도 이곳으로 올 것 같아서 여기서 기다렸다." 하고 말하면서 열성이 옆의 넓적 바위에 걸터앉았다.

그 말을 들은 열성이는 속으로 '숫용추 폭포의 도사라는 분이 바로 이 노인이구나(계룡산의 성지도사)'라고 생각하고는 얼른 일어나 허리를 굽혀 인사하고 돌이 박힌 땅바닥에 무릎을 꿇었다.

그리고는 "저는 연산의 명암리에서 온 최열성이라 하옵니다. 도사님께 간청하옵니다. 제발 저를 불쌍히 여기셔서 저에게 어려움을 이길 재주와 배움을 가르쳐 주시기를 청하옵니다."라고 간신히 말하고는 고개를 숙이면서 떨어지는 눈물을 그냥 흘러내리게 두고, 어깨를 들썩이면서 저절로 나오는 울음소리를 간신히 삼키며 참고 있었다.

노인은 그 말에 아무 대답도 하지 않고, "너는 나에게서 무엇을 배우려고 하느냐?"며 카랑카랑한 목소리로 물었다.

이미 주변은 상당히 어두워져 가고 있고 어스름 달빛이 골짜기 일부를 비추고 있었다. "도사님, 저는 아직 어려서 아무런 재주도 없고, 글도 제대로 배우지 못했습니다. 무엇이든지 가르쳐 주시면 열심히 갈고 닦아서 쓸모 있는 사람이 되고 싶습니다."라며 간신히 울음을 삼키면서 말했다.

그러자 노인은 "예끼 이놈아! 배움을 청하는 자가 어찌 슬픈 울음을 보이면서 배움을 청할 수 있느냐? 듣는 사람도 슬퍼지느니라. 차라리 웃어라. 그리고 무엇을 배울지를 확실하게 하지 않으면 쉽게 그만두게 되느니라."라고 말하고는, "나는 이미 네가 처한 어려움과 앞으로 네놈이 해야할 일을 잘 알고 있느니라."라고 말하면서 숨을 길게 쉬었다.

그리고는 허리춤에 차고 있던 표주박으로 숫용추 물을 떠서 마시면서 "너는 우선은 괴물을 물리칠 무술과 도술을 익혀야 하고⋯⋯."라고 말하고는 물을 다 마신 후에, "다음에는 어려운 나라를 구해야 할 학문, 그리고 경세지략도 익혀야 하느니라. 알겠느냐?"라며 타이르듯이 낮지만 분명한 목소리로 조곤조곤 이야기하였다.

노인의 말소리는 작아도 무게가 천근만근이 되는 듯했고, 또 아주 카랑카랑하고 또렷한 음성으로 열성이의 답답한 가슴을 확 열어 주었다.

그리고는 "나는 괴물을 물리칠 도술과 무예는 가르칠 수는 있으나, 학문과 경세지략[10]은 다른 사람에게서 배워야 할 것이다."라고 말하면서 일어섰다. 그리고는 "자, 그만 내려가자!" 하고는 앞장서서 내려가기 시작하였다.

도사는 걸어가면서 "여기는 산속이라서 학문은 형편이 없다. 수준 높은

⋯⋯⋯⋯⋯⋯⋯⋯⋯⋯

10) 경세지략(經世之略) : 세상을 다스리는 방법과 전략

학문은 한양에 가야 배울 수 있을 게다." 하고 말하면서 빠른 걸음으로 앞서서 걸어갔다.

열성이는 그 뒤를 따르면서 "도사님은 연세가 높으신데요, 어두운 길을 어찌 그리 빨리 걸으시나요?" 하고 물었다.

그러자 노인은 "이 길은 내가 아침, 저녁은 물론 낮에도 매일 몇 번이고 왕복하고 다니는 길이라서 길의 모든 굴곡과 높낮이와 장애물과 그들의 모양도 다 알고 움직이기 때문이다. 그러니 모든 기술과 무술들도 모두 이렇게 환해질 때까지 잘 익혀야 하느니라." 하고 자애롭게 말씀하셨다.

그리고는 기침을 한 번 하고 "무예와 도술은 자기 자신을 걸고 최선을 다하여 몸에 맞는 방법으로 익히면 최고의 경지에 빨리 도달할 수 있는 것이다. 매일 매일 부지런히 익히면 어려운 기술도 쉽게 극복할 수 있느니라."라고 말하고, 이어서 "너는 자신의 어디가 좋고, 어떤 점을 스스로가 믿을 수 있는 사람이라고 말할 수 있느냐?" 하며 물었다.

열성이는 "도사님, 저는 아직은 자랑할 만한 점이나 믿을 만한 점이 별로 없는 어린아이입니다. 그러나 도사님의 지도를 받게 되면, 그날그날 배운 것을 바로 익혀서 게으르지 않고 그르치지 않도록 노력하겠나이다." 하고 대답하면서도 몇 번이고 돌부리에 걸려서 비틀거리고 넘어질 뻔하였고, 발끝이 돌부리에 걸려서 아프기도 했다.

열성이는 아픔을 참고 도사님을 따라가기 위해서 땀을 흘리면서 가쁜 숨을 몰아쉬며, 행여 떨어질세라 온 힘을 다해서 걸었다. 그렇게 두 사람은 어둠 속에서 산길을 오르고 내리고를 거듭하면서 한참을 걸었다. 요즘 시간으로 반 시간쯤은 걸었다. 그랬더니 나무가 앞을 분간하기 어려운 숲 속에 커다란 바위산이 있고, 그 아래에 조그만 초가삼간 집이 어렴풋이 나타났다. 생나무 울타리가 집을 대충 둘러쌌는데, 사립문은 달려 있지 않은 허름한 집이었다.

안으로 들어가니 집은 마당과 평행하게 가로로 세워졌고, 마당은 길게 사각형으로 잘 다듬어서 만들어져 있었다. 가로 길이는 약 60보(50m) 정도에 세로 폭은 30보(20m) 정도였다. 그러나 군데군데 산의 경사와 바위로 인해 마당의 모양이 조금 불규칙하게 만들어져 있었다.

집의 동쪽에는 부엌을 만들었고, 안방과 윗방이 이어진 초가 3칸 집이 었다. 방 앞으로 툇마루가 좁게 놓여 있었고, 댓돌이 있는 뜰팡(토방)이 좁게 만들어져 있었다. 굴뚝이 세워진 집의 서쪽 경사진 끝에는 헛간이 있었다. 그 헛간의 절반은 나무를 저장하는 나무 헛간이고, 그 옆에 작은 광방(광)을 들였으며, 나머지 일부분은 뒷간이었다.

도사는 마루에 걸터앉아서 조금 쉰 다음, 열성이와 같이 우물가에 가서 손을 씻고 함께 안방에 들어가서 자리를 잡고 앉았다. 그리고 한쪽 구석에 놓인 밥상의 밥부제(밥상보)를 걷고, 상을 방의 한가운데로 당겨 놓았다. 상위에는 콩이 섞인 꽁보리밥을 중간 정도의 바가지에 퍼서 놓았고, 검은색 된장 찌개, 그리고 푸성귀가 놓인 흰 대접, 작은 종지에는 멸치와 콩을 섞어서 볶은 반찬이 질그릇에 담겨 있었다. 된장과 맛장은 작은 질

그릇 탕기에 떠서 놓았고, 간장은 종발에, 흰색의 사기 접시에는 밥에 찐 계란찜이 담겨 있었다. 산골 밥상치고는 상당히 준비한 밥상이고, 반찬이 었다.

도사는 아랫목에 앉아서 열성이를 불러 상에 가깝게 앉게 하고는 저녁을 먹자고 하였다.

열성이는 "저는 배가 부르니 도사님이나 많이 드십시오." 하고 짐짓 사양하였다.

그러자 도사는 "예끼 이놈아, 내가 먹으라고 하면 배가 터져도 먹어야 하느니라. 더구나 너는 배가 고파서 지금 뭐라도 먹지 않으면 허기가 져서 밤에는 잠도 못 잘 것이다. 그러니 이리 오거라." 하고 다시 권하였다.

열성이는 더는 사양할 수 없음을 알았다. 도사는 마치 함께 행동해 온 사람같이 열성이의 사정을 속속들이 알고 있기 때문이었다.

열성이는 성지도사 앞에 놓인 상 앞으로 엉덩이 걸음으로, 손으로 방바닥을 짚으면서 옮겨 갔다. 그리고 고개를 숙이며 "말씀대로 그럼 밥을 먹겠습니다." 하면서 수저를 들고 밥을 퍼서 먹기 시작하였다. 그런 꽁보리밥에 생선이나 고기가 없는 반찬으로 밥을 먹은 적이 없었지만, 그 맛없는 밥과 반찬이 현재의 열성이에게는 집에서 먹던 쌀밥에 고기반찬보다 더 맛이 좋았다. 식사 때가 너무 지나서 많이 시장했기 때문에 더 맛이 좋았다. 열성이는 염치 불고하고 바가지의 밥을 뚝배기에 덜어서 두 번이나 쉬지 않고 먹었다.

열성이가 밥을 거의 다 먹고 나서야 성지도사가 밥을 먹지 않고 자기가 먹는 것을 물끄러미 보고 있다는 것을 알았다. 그래서 "도사님, 왜 식사하지 않으세요?" 하고 그제야 물었다.

"아니, 먹고 있다. 나는 늙어서 천천히 식사하는 버릇이 있으니 부지런히 더 먹어라." 하고 말하면서 밥이 얼마 남지 않은 바가지를 열성이 앞으로 밀었다.

열성이는 "이제 저는 배가 너무 부릅니다." 하고 수저를 놓았다.

그제야 도사는 얼마 남지 않은 꽁보리밥을 드셨다.

식사 후에는 같이 밥상을 들고 부엌 앞의 우물에 가서 먹은 밥그릇, 바가지, 빈 반찬 그릇들을 씻어서 밥상에 엎어 놓았다. 그리고는 바가지에 물을 떠서 마시고, 둘은 마당의 좁은 이동식 평상마루(좌판)에 앉아서 좌측과 우측의 시꺼먼 계룡산 여러 봉우리와 산줄기를 보면서 이야기하였다.

성지도사는 "열성아, 지금 너를 짓누르는 고민이 무엇이고, 어떻게 그 난관을 해결하려고 하느냐?" 하며 먼저 이야기를 꺼냈다.

열성이는 숨을 한 번 들이키고는 천천히 대답했다.

"저는 지금 공부를 할 수 없을 정도의 어려운 문제를 안고 있습니다. 그 문제를 해결하지 못하고는 수업을 받아도 그를 갈고 닦는 일을 할 수 없는 정도입니다." 하고 서두를 꺼내면서 집안과 마을에서 일어나는 해괴한 일과 정옥분과의 관계 등 자기가 경험하고 생각한 것을 도사에게 말씀드

계룡산 정도령 바위 능선(출처 : 다음 카페에서 전재)

렸다.

성지도사는 "그 정옥분은 사실은 이 계룡산 신령님의 심부름꾼이었는데, 재주가 많이 늘자 산신령님을 속이고, 계룡산을 나가서 개태사 뒷산에서 나쁜 일만을 하면서 숨어서 100년이 넘게 살아 온 불여우다. 그 요물은 산신령님에게서 여러 재주를 배워서 능히 둔갑하고, 당나귀나 말만큼 빨리 달릴 수도 있고, 높이뛰기도 사람 키의 두 배 높이를 능히 뛰어넘으며, 물에서도 숨을 쉬지 않고 한나절을 숨을 수 있는 요물이다." 하고 속이 타는지 물을 한 바가지를 떠서 마시고는 한숨을 쉬었다. 그리고 "그 요물은 내가 파악하기엔, 이 계룡산을 포함한 금강 연안 일대, 아니 더 나아가서 조선을 제 발아래에 넣으려는 야망을 가진 괴물이다. 그러니 이를 퇴치하지 못하면 장차 이 장소는 말할 것도 없고, 이 나라와 백성 모두가 불안해지게 된다." 하고 말하곤 속이 타는지 다시 물을 한 바가지나 들이마시고는 깊이 한숨을 쉬고 나서 말을 이었다. "그런데 워낙 술수가 많은 요물이라서 보통의 무술과 지식으로는 요물에 백전백패할 뿐이고, 장차 나라와 임금님이 위험해질 수도 있다. 이미 많은 사람이 그 요물에 의해 목숨을 잃었으니, 비상한 사람이 나타나서 퇴치해야 나라의 걱정이 사라질 것이다."라고 말하고는 한숨을 삼켰다.

열성이는 "도사님께서 직접 요물을 상대하시면 되지 않습니까?" 하고 물었다.

도사는 "나는 그 요물을 잡을 무술과 도술을 가지고 있지만, 그 요물이 달아나면, 쫓아가서 잡을 실력이 내겐 부족하다. 또한 여러 술수를 가진 그 요물과 내가 오래 싸우게 되면, 내가 힘에 부쳐서 결국은 지기 쉽다. 그 요물이 시간을 끄는 지구전을 펴면, 내 기운과 체력이 달리기 때문에 오히려 내가 위험해질 수도 있다. 그래서 그 요물을 잡는 방법은 내 무술과 도술을 익힌 젊은이와 내가 힘을 합하여 목숨을 걸고 싸워야 겨우 승패를 가를 수 있는 상황이니라. 더구나 그 요물은 날로 영양을 보충하고 도술을 익혀서 얼마 지나지 않아 나도 감당할 수 없는 상대가 될 것으로 생각한다." 하고 침통하게 말하면서 한숨을 쉬었다.

열성이는 침을 꿀꺽 삼키며, 무슨 생각을 했는지 두 주먹을 불끈 쥐고는 "도사님, 저에게 무술과 도술을 가르쳐주십시오. 제가 재주는 없지만, 열심히 가르침을 배우고 익혀서 그 요물을 잡겠습니다. 그래야만 제가 안심하고 학문을 익혀갈 수 있을 듯하고, 저희 집과 우리 마을도 위기에서 구해낼 수 있을 듯합니다." 하고 말하면서 마당에 내려가서 땅바닥에 꿇어앉았다.

이를 본 도사는 "아니 열성아, 그러지 말고 일어나서 여기 와서 앉아라. 네가 그런 무서운 요물을 두려워하지 않고 네 힘으로 처치하겠다는 마음만으로도 큰 힘이 된다. 아직 다 성장하지 못한 소년으로서 그런 포부를 갖는 것은 참 대견한 일이다." 하고 말하면서 마당의 우물가로 가서 물을 한 바가지를 퍼서 마시고는, "자네는 재주가 많아서 열심히 무술과 도술을 익히며, 학문을 연구해 나가면 장차 요물도 퇴치할 수 있고, 나라에 어려움이 닥쳐도 능히 이겨낼 수 있는 재목이 될 것이다. 지금은 그런 재주와 용기를 가진 젊은이들이 많이 필요한 때이니라."라고 말하면서 열성이를 땅바닥에서 일으키면서 두 손을 잡고 조용히 흔들었다.

"그런데 네가 내 무술과 도술을 익히려면 여러 어려움이 따르느니라. 그런 어려움을 참고 견딜 수 있겠느냐?"라고 말하면서, 한편은 달래고, 다른 한편은 열성의 결기를 확인하였다.

열성이는 "예! 도사님. 이제부터는 사부님이라고 부르겠습니다. 저를 제자로 삼아서 가르쳐 주시고, 혹독하게 훈련시켜 주십시오." 하고 일어나서 큰절을 올리고, 제자로 삼겠다는 허락을 받았다.

이튿날부터 열성이는 정말로 바빠졌다. 집 뒤뜰에 심은 생나무 울타리는 키가 들쑥날쑥했다. 키가 작은 곳부터 큰 곳까지 하루에 몇 번씩 뛰어 넘고, 뒷산 오솔길을 달려서 산봉우리까지 올라갔다 내려오기를 아침과 저녁으로 매일 2회씩 하였다. 그리고 낮에는 목검으로 스승님과 무술을 배우고 익히기를 반복하였다. 단련의 원칙은 배움의 진도는 천천히 나가더라도 완전히 배우고 연마하는 것을 중시하였다. 또한 오전 2시간, 오후 2시간, 저녁 2시간은 학문을 익혔다. 배우는 책은 소학과 통감이었고, 그것이 끝나면 바로 대학을 배우기로 하였다.

매일매일 배우는 것들이 열성이에게는 너무 어려웠지만, 도사님이 시범을 보이며 자세히 풀이해 주셨으므로 무술과 도술의 배움과 수련은 참 재미가 있었다. 그러나 학문은 문장과 해석을 스승님이 풀이해 주셨지만, 잘하진 못하고 간신히 뜻을 해석하고 외우는 정도였다. 그 외의 책들은 열성이가 스스로 공부하고, 막히는 것은 도사님에게 물어가면서 깨우쳤지만, 자신은 없었다.

열성이는 저녁에 늦게 잠자리에 누우면 누가 업어 가도 모를 정도로 깊은 잠에 빠지곤 했는데, 잠을 오래는 자지 못하고 새벽녘에 훤하게 밝아지면 바로 일어나서 세수하고 아침 먹을 준비를 하였다. 아침에 밥을 많이 지어서 세 등분 하여 먹고, 점심밥은 퍼서 놓고, 상을 차려서 밥상보로 덮어두고, 나머지 3분의 1의 밥은 큰 바가지에 퍼서 우물 옆에 놓인 옹기 단지에 물을 절반 채우고 그 위에 밥을 담은 바가지를 띄워 놓는다. 그리고 그늘을 만들어 주면 밥이 상하지 않고 저녁까지 갈 수 있었다.

이런 작업이 끝나면 뒷산인 계룡산에 오른다. 그리고 산에 다녀오면 오전 일과를 시작하게 된다. 울타리 뛰어넘기를 하고, 달리기를 하고, 오전 학습을 한다. 정말로 눈코 뜰 사이가 없을 정도로 바쁜 일과였다. 저녁 학업을 할 때는 꾸벅꾸벅 졸기가 일쑤였고, 그때마다 스승님의 회초리가 어깨로 날라왔다. 낮에 점심을 먹고는 그냥 쓰러져서 코를 골다가 다시 스승으로부터 혼나는 일도 아주 흔했고, 아침에도 일어나지 못해서 스승님이 깨워 주시는 경우가 허다했다.

그러나 열성이는 늘 적극적이고 모범적으로, 시키지 않아도 자기가 먼저 솔선수범하여 학업과 무술과 도술을 익혔고, 체력을 단련하였다. 그뿐만이 아니고 조금만 틈이 나면 가사 일을 도와서 스승이 일하지 않도록 세심하게 살피면서, 자기가 가사 일을 도맡아 하려고 노력하였다. 밥도 짓고, 빨래도 하고, 나무도 산에서 베어다가 땔감을 늘 여유 있게 저장하고 있었다. 단지 식량과 반찬은 준비하기가 쉽지 않아서 스승님이 하는 것을 살폈다. 그러나 열성이가 알 수 없는 때에 스승님이 혼자서 준비하여 광 속 쌀독에는 쌀은 조금이지만, 보리쌀과 잡곡이 늘 가득 차 있었고, 장독대엔 간장과 된장이 여러 항아리에 가득하였다.

이런 눈코 뜰 새 없는 생활을 하면서 낙엽이 지고 얼음이 얼고 하기가 세 번이 지났고, 따라서 봄의 진달래꽃도 세 번이 피었다. 그를 보면 이제 계룡산에 들어온 지 3년이 지난 것이다. 그동안 열성이의 단련은 높이

뛰기는 거의 7척(약 2m)이 넘는 높이를 뛰어넘게 되었고, 달리기는 발이 땅에서 떨어져서 달리듯이 빠르게 달릴 수 있게 되었다. 또한 칼과 창을 쓰고 다루기는 움직임이 잘 보이지 않게 민첩하여 졌고, 활을 쏘면 백발 백중이 될 정도로 실력이 스승의 경지에 가깝게 늘었다.

그러던 어느 벚꽃이 하얗게 핀 날이었다. 스승님은 열성이와 오전에 공부를 하고 나서 점심 밥상을 당겨서 식사하면서 말씀하였다.

"애야, 이제 네 무술은 아주 높은 경지에 도달해서, 네 스스로가 더 발전시켜야 하는 수준이 되었다." 하고 잠깐 말을 끊고, 생각에 잠기는 듯하였다. 그리고는 "열성이 네가 좀 더 체계적으로 공부하여 학문을 연구하고, 과거에 응시해서 급제해야 하는데, 여기서는 어렵고 한양에 가서 기회를 잡아야 한다."라고 말씀하시고는 밥을 삼키고 물을 한 번 마셨다.

이어서 "가장 좋은 기회는 임금님이 직접 시험하시는 알성시라는 과거에 응시하는 것이다. 너의 지금 실력은 급제는 할 수는 없지만, 좀 더 체계적으로 공부할 수 있는 학교인 성균관에 입교할 수준은 될 것이다. 거기서 훌륭하신 학자들에게서 학문을 더 배우고 익히면서 여러 학자나 학생, 관리 등의 인재들과 같이 교류하며 학문을 닦아야 한다." 하고 말씀하셨다.

이어서 "성균관에 가서는 여기서보다 더욱 열심히 공부하고, 무술을 연마해서 과거에 급제해야 한다. 그리고 장차 이 나라가 어려울 때는 목숨을 걸고 나라를 구하고, 임금님을 보필하며, 큰일을 할 수 있는 재목이 되도록 원대한 큰 뜻을 가지고 담대하게 행동하도록 노력해야 한다." 하고 당부하셨다.

그리고는 "오늘 밤을 자고 내일 일찍 한양으로 떠나거라." 하고 단호한 어조로 말씀하셨다.

열성이는 "스승님, 저는 아직은 한양에 갈 수 있는 재목이 못 되는데요. 좀 더 스승님에게서 배우고 익힌 후에 한양에 가고 싶습니다." 하고 말하는데, 벌써 눈물이 주르륵 흘러 떨어져서 밥을 먹을 수가 없었다.

그러자 성지도사는 "아니, 대장부가 큰일을 하러 떠나려는데 무슨 눈물을 흘린단 말이냐, 응? 내가 너무 오랫동안 너를 잡고 있었던 모양이구나. 밥을 먹고 나서는 떠날 준비를 하고, 저녁에는 일찍 잠을 자거라. 그래야 내일 새벽에 길을 나설 수 있다." 하고 말씀하시면서 열성이의 어깨를 다독여 주셨다.

열성이는 울음을 그치고 "스승님께서 말씀하시는 대로 하겠습니다."라고 대답하고는 밥을 마저 먹었다.

성지도사는 "네가 한양으로 떠나기 전에 집에 들렀다가 가는 것이 순리이나, 아직은 때가 되지 않았으니 그냥 바로 한양으로 떠나거라. 공부를 모두 마치고 과거에 급제한 다음에야 집에 들러야 한다. 그렇지 않으면 큰일이 생길 수 있고, 목숨이 위험하니 명심하거라."라고 간곡히 부탁하셨다.

열성이는 허리를 굽혀서 읍하는 자세로 스승님의 간곡한 말씀을 듣고는 "예, 명심하겠습니다." 하고 대답하였다.

성지도사는 무엇을 조금 생각하는 듯이 잠자코 있다가 "일이 잘되어서 과거에 급제하면, 고향에 들리게 될 터인데 그때는 나를 꼭 먼저 보고 나서 집에 가거라." 하고 말씀하시고는 언제 꾸려 놓았는지 벌써 열성이가 가지고 갈 등짐을 꾸려서 건네주었다.

열성이는 스승이 건네주는 짐 꾸러미를 어깨에 메어 보고 나서 "스승님 분부대로 내일 바로 한양으로 떠나겠습니다." 하고는 내일 일찍 떠날 준비를 하였다.

그리고 바로 잠자리에 들었으나 앞으로의 일이 너무 걱정되어서 잠을 이루지 못하다가 3경이 넘어서야 겨우 잠에 빠져들었다.

봄날의 밤은 비교적 짧아서 잠을 조금 잤는데 벌써 밖이 훤하게 밝았다. 열성이는 일어나서 아침 식사 준비를 정성껏 하였다. 오랜만에 쌀밥에 삶은 팥을 넣고 나무를 때서 밥을 지었다. 반찬은 된장찌개와 황새기(황석어) 세 마리를 넣은 뚝배기를 밥에 얹었다. 밥이 다 되면서 황새기라는 생선도 같이 익어서 상에 올려놓았다. 그리고 산마늘 장아찌를 꺼내서 조금 길게 썰어서 같이 상에 올렸다. 마지막으로 콩나물로 국을 끓였다.

성지도사는 새벽에 산에 올랐다가 내려와서 같이 상을 차리고, 우물에서 물을 떠다가 밥을 푼 후에 밥솥에 붓고 조금 불을 더 때니, 물이 끓어오르면서 구수한 숭늉이 되었다. 숭늉도 한 대접을 퍼서 같이 상에 올렸다.

성지도사는 열성이와 같이 아침을 먹고 나서 숭늉을 마시면서 열성이를 물끄러미 바라보고 있었다. 열성이도 밥을 다 먹고 숭늉을 밥그릇에 따라서 마시면서 조심스럽게 입을 열었다.

"그런데 스승님, 제가 그 넓은 한양에서 모든 일을 잘 해낼 수 있을지 걱정이 많이 됩니다."라며 자신 없는 목소리로 말했다.

그러자 성지도사는 "열성아, 너의 재능과 성실함은 이미 너를 큰 재목으로 성장시킬 준비과정을 다 거쳤다. 무술과 도술은 말할 것도 없고, 학문도 상당히 진척되었지만, 아직은 세상에서 너의 재주를 알아차리지는 못하는 사람들이 대부분이다. 따라서 한양에 가면, 바로 성균관에 들어가야 한다. 너는 거기서 전국에서 가장 뛰어난 훈장들과 역시 훌륭한 인재들을 동시에 만나게 될 것이니라." 하고 말씀하셨다.

잠시 쉬었다가 도사는 "그 성균관에는 정일정이라는 훈장, 직강 교수님이 계시니 그분에게 이 서찰을 전해 드려라. 그리고 그분이 말씀하시는 바를 잘 실행하기 바란다. 나와는 동문수학한 분이다." 하고 말씀하시면서 탁자 위의 책갈피에서 봉한 편지 한 통을 꺼내서 열성이에게 건넸다.

열성이는 편지를 두 손으로 받아서 짐꾸러미를 풀고 그 속의 책갈피에 편지를 잘 넣고 그 책을 짐꾸러미의 중간에 넣고는 다시 짐꾸러미를 단단히 묶은 후, 멜빵끈의 길이를 맞춰서 조정하였다.

성지도사는 계속하여 "성균관에 계신 분들과 같이 생활하면서 학문을 배우고 익히되, 너의 능력을 절반만 보여라. 그분들은 너에게 많은 짐을 맡기려 할 것이다. 우선은 무조건 사양하고, 또 사양하면서 지내다가 과거에 급제하면 그때부터는 일을 맡아라."라고 말씀하셨다.

그렇게 말하는 중에 스승의 눈시울이 붉어지셨고, 목소리도 조금 떨리셨다. 그러면서 "네가 과거에 급제하면 집에 인사하러 가게 되는데, 아까도 말했지만, 집에 가기 전에 꼭 나에게 들렀다가 가기를 바란다. 네게 꼭 전할 것이 있느니라." 하고 말씀하시면서 목이 메셨다.

성지도사도 열성이와의 이별을 무척 섭섭해하시는 것이 확연히 나타났다.

열성이는 "스승님, 가르침을 명심하여 실행하겠습니다."라고 말하면서 일어나서 쪽마루에서 스승님에게 큰절을 올리고 천천히 댓돌에 내려가서 짚신을 신고, 다시 천천히 우물물을 한 바가지 떠서 마시고는, "그럼 떠나

하얗게 벚꽃이 핀 날 열성이는 계룡산을 떠난다.

겠습니다." 하고 짐꾸러미를 메고 사립문을 나섰다.

한참을 내려오다가 열성이는 눈물이 앞을 가려서 잠시 뒤를 돌아다보았다. 눈물 때문에 도저히 바로는 내려갈 수가 없었기 때문이다. 간신히 눈물을 손으로 닦으면서 돌아보니 스승님은 그때까지도 사립문 밖에 서서 떠나가는 자기를 바라보고 계셨다. 열성이는 다시 허리를 굽혀서 인사하고는 걸음을 빨리 재촉하면서 계룡산 자락을 내려왔다.

신도안을 벗어나서는 북쪽을 향하여 동학사 입구로 나가는 구불구불한 산길을 능선과 고개를 넘어서 걸었다. 거기서부터는 공주목의 공암을 지나서 좀 더 북쪽으로 가게 되지만, 길은 좋은 편이었다.

오늘날에도 청벽의 저녁 풍경은 유명하다. 붉게 노을 진 먼 서남쪽으로 금강이 흘러내려 가면서 금강문화권이라는 독특한 삶의 모양 틀을 만들어냈고, 역사상으로 '백제'라고 하는 나라가 한반도 중부–서남쪽에 이루어졌다. 청벽에는 장어요릿집이 4, 5집 영업 중이다.

이어서 금강에서 정말로 절경이라고 이름난 청벽에 당도하였다. 저녁 놀의 경치가 일품으로 알려진 하안 절벽을 금강이 만들었는데, 그 위의 강언덕으로 이어진 좁은 길을 금강을 옆에 두고 걸어갔다. 이렇게 한참을 공주목을 향하여 가다가 공산성 옆의 장기대 나루에 도착하였다. 호남지방에서 여산, 논산을 통해서 올라와서 금강에 도착하면 건너는 나루가 장기대 나루이다.

금강을 건너면 일신역을 지나서 골짜기를 따라 올라가서 차령고개를 넘으면 천안삼거리에 도착하게 된다. 그러나 오늘은 금강 유역의 일신역 부근에서 쉬기로 하였다. 첫날이라서 많이 걷기도 했으므로 좀 고단하기도 했다. 우선은 장기대 나루의 나룻배를 이용해서 금강을 건너야 하고 좀 쉬고 내일이면 천안까지 갈 수 있을 것이다. 그런데 해가 뉘엿뉘엿 황혼으로 변하고 있어서 경치는 일품으로 좀 구경하고 있으니, 여러 사람이 금방 모여져서 장기대 나루를 함께 건널 수 있었다.

뱃삯을 건네고 자리를 잡고 앉아서 남쪽의 공산성을 보고 있으니 금강물이 햇볕을 반사하면서 사람의 마음을 심란하게 하였다. 열성이가 고향의 부모님과 계룡산의 스승님을 잠시 생각하는 사이에 배는 벌써 강심에 와 있었다. 황혼에 공산성의 성벽과 그 안의 건물들이 평화롭게 조화를 이루고 흔들리고 있었고, 금강의 맑고 깊은 강물에 반사되어 그림자가 조용히 춤을 추며 드리우고 있었다. 열성이가 그 강물을 복잡한 심경으로 들여다보고 있는 사이 벌써 배는 북쪽의 강안에 닿아서 승객들은 모두 모래밭으로 내렸다. 거기서 등짐을 메고 천천히 걸어서 낮은 구릉 위에 집 몇 채가 모여 있는 역촌의 주막을 찾았다.

일신역 부근이라서 여각도 있고 주막도 몇 개가 있었다. 과연 공주는 산골이지만 도로가 여기저기 팔방으로 갈리고, 모이며, 수운도 금강을 따라서 발달해 있었다. 그래서 거기 사는 장돌뱅이 상인들이나, 관리들이나, 일반 백성들이나, 학생들이나 모두 분주하였다. 이곳의 대부분 사람은 한양을 오고가는 사람들로, 잠시 여기서 쉬어 가는 여행객들이고,

신관초등학교(일신역 자리에 위치하고 있다)

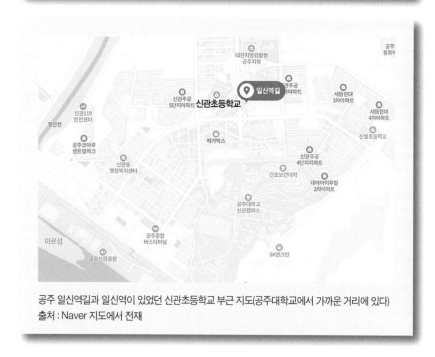

공주 일신역길과 일신역이 있었던 신관초등학교 부근 지도(공주대학교에서 가까운 거리에 있다)
출처 : Naver 지도에서 전재

그래서 골짜기지만 한양 소식은 참 빨랐다. 열성이는 그중에서 제일 멀리 떨어진 구석진 주막에 들어가서 저녁을 먹고 하룻저녁 쉬어가기로 하였다.

공산성이 마주 바라보이는 일신역 주변의 시골 주막이지만, 그래도 관찰사가 있는 충청도의 으뜸 도시인 공주목 부근의 역이라서 장사꾼도 묵고, 관리도 묵고, 일반 선비나 백성들도 묵으려 방을 정하고 있었다. 열성이는 저녁을 먹고 강 건너 공산성의 성곽을 먼발치로 돌아보고 들어와서 쉬고 있었다.

그런데 마당의 평상마루에 앉은 선비 차림의 사람들 서너 명이 함께 술을 마시면서 큰 소리로 이야기를 하고 있었다. 좀 들어보니 그들은 "임금님 앞에서 시행하는 임시 어전(알성)시가 한 달 보름 후에 열린다."는 이야기를 하고 있었다. 이번 과거는 생원과 진사를 100명 정도 뽑는다는 것과 그들도 그 시험을 준비하러 한양으로 가고 있다는 이야기였다. 열성이는 이 주막에 자리 잡은 것이 참 다행이라고 생각했다.

시험에 관한 이야기를 한양에 가면 많이 들을 수 있지만, 그를 공주에서 듣게 되어서 적어도 일주일은 먼저 알게 된 것이고, 그만큼 마음의 준비를 할 수 있게 되었다. 그러니 너무 빨리 가려고도 하지 말고, 너무 늑장을 부리지도 말고, 여느 때처럼 기상하여 일과를 진행해 가면서 시험 준비를 하며 가기로 마음먹었다.

다음날 일찍 일어난 열성이는 일신역 뒤의 낮은 구릉을 걸어 보았다.

대부분이 밭으로 이용되고 집도 초가집이 몇 채 세워져 있었지만, 어디나 다 가난과 고생에 찌들대로 찌들어서 먼지 가득 끼고, 거무튀튀한 잿빛의 불결한 경관이 붉은 토양 빛에 젖어 있었다.

열성이는 '이렇게 지체와 신분이 낮고, 배우지도 못하고, 그저 살아지는 대로 살아 가고 있는 불쌍한 사람들은 자기가 나서 자란 연산의 명암리와 거사리의 모퉁이도, 이곳 공주의 구석구석도 모두 똑같은 사람들이다. 가난에 찌들어 달라붙은 검은 때와 슬픈 사연들만이 넘쳐나는 고만고만한 딱한 사람들의 장소였다. 아니 조선 팔도의 어디에 가도 똑같이 발에 차

명동성당의 양반들 풍류놀이 그림, 양반들은 하는 것 없이 놀고, 즐기고, 먹고, 기생질하는 뱃놀이, 가무 즐기기, 여행 등으로 하층민들이 어려움으로 신음할 때 여러 장소에서 기생을 대동한 그들만의 놀이인 가무와 풍류 여행을 즐겼다.

백제 수도였던 공주 공산성, 성곽에 둘러싸인 성내 시설 만화루, 백제 연못, 금강과 하안 절벽이 보인다. 일신역은 이 금강의 우측(북쪽) 강기슭(초등학교 자리)에 자리하고 있었다. 사진 출처 : 다음 / 네이버 지도

이는 흔해 빠진 불쌍한 아랫것들이 사는 현장이었다.'라고 속으로 외치면서, 뜨거운 가슴으로 안타까워하였다. 열성이는 그를 보자 무언지 모르게 화가 나고 답답해졌다.

하층민들은 자기들 마음과 뜻대로 살지 못하고 그저 살아지는 대로 고생과 땀에 찌든 딱한 백성들이었다. 이들이 언제 배불리 먹고, 마음 편하게 잠자고, 또 쉴 수 있는 날이 올 것인가? 정말로 이 땅에서 백성들을 다스리는 사람들은 자기의 뱃속만을 걱정하였지, 땅과 더불어 농사를 짓거나, 물건을 만들거나, 고기를 잡으며 간신히 붙어사는 아랫것들의 어려움

천안 원삼거리. 영남로, 호남로, 수도권으로 연결되는 교통상의 요지인 삼거리였고, 여기에는 '능소 처녀와 과거에 급제한 박현수'라는 청년의 설화가 유명하다. 그 설화도 교통상의 요지라서 생겨난 설화였다.

을 해결해 주거나, 달래 주려는 관리는 눈을 비비고도 찾기 어려운 '슬픈 적막의 땅'이 조선이었다. 또한 앞날에 대한 희망이 없는 어둠에 잠긴 땅이라서 높은 사람들의 눈에는 보아도 보이지 않는 딴 세계이거나, 아니면 일부러 못 본 체하는 다른 세상의 사람들이었다.

열성이는 아직은 어려운 백성들에게 시선을 돌릴 수 없는 처지임을 실감하면서 더욱 학문에 몰두하기로 결심하였다.

열성이는 주막에 돌아와서 아침을 허름한 국밥으로 사서 먹고는, 다시 천천히 짐을 어깨에 메고 광정역 쪽으로 걸음을 옮겼다. 차령고개를 오늘

천안사거리가 된 원 천안삼거리(남북 방향(가로축)은 입체교차로임)

넘으면 천안삼거리에 도착하게 된다. 천안삼거리는 남부지방에서 한양에 가기 위해서 거치는 결절지점(Nodal Point)이다. 그래서 재미있는 이야기가 많다. 그 중 하나가 능소이야기이다. 그 이야기의 줄거리는 다음과 같다.

어린 능소만 남기고 아버지가 전장으로 나가면서 지팡이를 땅에 꽂고는 "이 나무가 살아서 잎이 피고 자라나면 내가 살아서 올 것"이라고 말했다. 어린 능소는 혼자서 갈 데가 없어서 주막집에서 심부름하면서 자라났는데, 거기서 과거 보러 가는 박현수 청년을 만났다. 그는 능소를 사랑했지만, 그도 떠나면서 "다시 찾아오겠다."는 언약을 남겼다.

그런데 매일 아버지의 무사함을 빌면서 살아가던 어느 날 능소가 보니, 죽어있던 지팡이에 싹이 나고 부쩍 자라서 능소는 깜짝 놀랐다. 이제는 능소도 다 자라서 처녀가 되었고, 오래오래 두 사람을 기다렸던 것이다. 그런데 기다리라고 하며 떠난 또 다른 남자인 박현수 청년이 과거에 급제하여 능소 처녀를 먼저 찾아왔고, 이어서 아버지도 무사히 돌아오셨다.

그래서 능소 처녀는 한꺼번에 두 가지나 행운을 만난 것이고, 너무나 좋아서 "천안삼거리 흥~, 능수(소)야 버들은 흥~, 제멋에 겨워서 흥~, 성화가 났구나 흥~." 하면서 노래를 불렀다고 한다.[11] 그런데 이런 헤어짐과 재회하는 행운이 모두 천안이 교통의 요지라서 일어난 일인 것이다.

또한 천안(天安)이라는 지명은 고려 태조 왕건이 후백제군을 무찌르고 붙인 지명이다. 이 장소가 편안하면 천하가 편안해진다는 의미이고, 3국(고려, 신라, 후백제)의 중심이며(접촉점이란 의미), 5룡이 여의주를 쟁탈하려는 형세의 장소이고, 일방(중부지방)을 향하여는 요충의 땅이다.[12]

그 후로는 나흘(4일) 걸려서 과천현을 지나고, 남태령을 넘어서 동작(재기)나루를 건넜다.

....

11) 네이버 블로그에서 참조 인용함.
12) 노사신·양성지·정인지 등 편저,《신증동국여지승람(新增東國興地勝覽)》, 권15, 천안, pp. 259-261

과천과 서울의 경계인 남태령에 세워져 있는 삼남길의 노정 안내도. 과천에서 남쪽의 삼남 지방으로 연결되는 노정을 보여준다.

동작(동재기)나루에 세워진 동작대교 다리와 그 위의 카페. 지하철 교량과 자동차도로, 인도교가 연결되어 한 다리 위에 모두 건설되었다. 교통 기능상 세 개의 다리와 같은 역할을 하게 건축되었다. 이는 오늘날에도 이 부근이 반포나루와 같이 교통상 주요한 요지임을 보여준다. 그래서 교통 체증도 심한 장소이다.

한때 과천현감(果川縣監)은 탐관오리의 송덕비로 유명한 일화를 남겼습니다. 그 탐관오리가 다른 곳으로 발령을 받아 떠나는 날 아침에 엉터리 송덕비 제막식이 있었습니다. 마을 주민이 모인 가운데 비석에 덮인 흰 천을 걷어내니 거기 이런 문구가 새겨져 있었습니다. '今日送此盜(오늘 이 도적놈을 보내노라).'

자신의 공덕을 기리는 문구가 새겨져 있을 거라 믿었던 현감은 비문을 보자마자 사색이 되었습니다. 하지만 뻔뻔스럽고 후안무치한 현감은 곧이어 입가에 미소를 지으며 이방에게 "지필묵을 좀 가져오라."라고 하명하였습니다. 이방이 서둘러 지필묵을 대령하자 현감은 아무런 망설임 없이 일필휘지로 단숨에 이렇게 적어 내려갔습니다. '明日來他盜(내일 또 다른 도적이 올 것이다). 그러자 백성 중에서 한 사람이 이어서 썼다. 此盜來不盡(이런 도적이 오는 것은 끝이 없구나). 이어서 한 학자가 擧世皆爲盜(세상의 움직임이 모두 도적을 위해서인 탓이다).'라고 썼다.[13]

정말로 이 땅의 백성들은 살맛을 잃은 땅이자 암흑세계에 갇혀있었다. 이씨조선이라는 나라가 오백 년간이나 유지할 수 있었던 것은 무지렁이 백성들의 인내 덕이지, 양반의 덕이 아니다.

....

13) 어떻게 과천현의 현감이 이처럼 재물을 치부하여 백성의 미움을 받았을까? 그것은 과천의 지리적 위치에서 유래한다고 할 수 있다. 영남과 호남에서 올라오는 길이 천안을 거치는 길로 오게 되면, 과천에 연결되기 때문이다. 그래서 통행인구가 많고, 높은 벼슬아치도 많이 지나가면서, 현감의 자리가 막강해졌고, 좋은 자리로 영전할 기회도 많았기 때문이다. 한양과의 거리도 가까워서 하루만 빨리 걸어도 도달할 수 있는 거리이므로, 한양과 전국의 사람과 소식과 재물이 과천현을 지나갔기 때문이다. (네이버 블로그 참고)

오늘날의 이태원 지하철역 1번 출구 주변. 조선 시대의 군사훈련을 시키던 터가 여기 있었고, 거기에 일제의 군대가 주둔하면서 군사 기지촌화 되었다. 그 뒤 해방 후에 다시 미군이 진주하면서 오늘날의 이국적인 문화를 가진 장소가 되었다. 그래서 외국인들이 많이 모이고, 물건과 음식도 여러 나라에서 온 것이 많은, 다양성이 풍부한 거리가 되었다. 그러나 2022년 10월 30일 핼러윈 참사로 젊은 영혼들이 무참히 희생된 이후 거리는 많이 침체된 장소가 되었다. 우리나라 젊은이들의 자기성찰이 필요한 장소이기도 하다. 그리고 '빨리빨리'보다 '한 발만 늦게'가 필요한 우리의 놀이행태도 변화가 필요하며, 모두 반성도 해야 한다. 아래 사진은 이태원 참사가 일어났던 해밀턴호텔 옆 골목

　　열성이는 동작나루를 건너서 이제 한양 땅의 성저10리에 들어온 것인데, 내일 한양성으로 들어가기로 하고 이태원 부근의 주막에서 하루를 묵기로 하였다. 여기서는 내일 일찍 남대문의 성문이 열리면 바로 한양성으로 들어가서, 오후 석양 무렵에는 성균관에 도착할 수 있는 거리였다. 드디어 열성이는 한양성 바로 앞에서 하루를 묵기로 하였다. 그날은 그렇게

남대문(南大門 / 崇禮門). 한양 도성의 제1 관문이라고 할 수 있는 남대문(숭례문)은 조선 500년간은 물론 대한민국 100년간에서도 중심부를 향하는 가장 중요한 출입문이다. 이 문은 청계천과 서울역 앞을 지나는 염천(만초천) 사이의 분수계에 위치한다. 남대문은 이제는 도성의 출입문이라기보다는 남쪽으로의 연결을 상징적으로 나타내는 도로상의 역사적인 건축물이다.

현재 남산에는 세 개의 터널이 뚫려서 남대문을 지나는 교통량의 비율은 크게 줄었다. 그러나 남대문시장은 조선 시대 칠패시장의 영향도 있고, 서울역의 영향도 있어서, 현재도 명동시장과 같이 연결되면서 가장 큰 시장이다. 현재의 남대문 건물은 화재(2008년 2월 10일)로 소실된 이후 새로 복원한 건물이다.

보고 싶던 한양성 밖에 왔으므로 설레는 마음에 잠도 설쳤다.

다음 날 아침 일찍 일어나서 주막에서 국밥을 한 그릇 사서 먹은 열성이는 남대문을 향해서 걸었다. 남대문 앞에는 남지(南池)라는 큰 연못이 있어서, 여기까지 온 사람들이 좀 쉬면서 짐을 정리하고, 남대문 통과 시에 검색을 받을 준비도 할 수 있게 되어 있었다.

열성이가 남대문을 통과할 때 어깨에 멘 짐 꾸러미를 문지기들이 검사하였다. 그런데 책이 대부분이고 옷가지가 몇 개 들어있을 뿐 말썽이 될 것이나 돈이 될 것이 없자, 문지기들은 바로 열성이를 성내로 들어가게

하였다. 열성이는 그들에게 허리를 굽혀서 인사하고는 짐 꾸러미를 다시
단단히 묶어서 어깨에 메고 한양성 안으로 들어갔다.

그리고 열성이는 부지런히 걸어서 창고가 여럿이 서 있는 옆을 지나서,
큰길이지만 짚신 발이 잘 빠지는 이현 부근을 지났다. 거기는 중국 사람
들도 많았고, 커다란 중국식 가옥도 근처에 여러 채가 서 있었으며, 길이
넓고 주위가 화려한 편이었다.

거기를 지나면서 다니는 사람들의 숫자가 갑자기 늘어났고, 또한 서로
지껄이고 소리치고, 다투는 소리가 길거리는 물론 장안에 가득 찬 듯하였
고, 마치 딴 세계에 들어온 듯하였다. 여기가 바로 시골서 올라온 사람들

청계천 2가의 '베를린광장'에 세워져 있는 독일 베를린 장벽의 콘크리트. 독일 통일의 기념으로 우리나라에서 받은 베를린 장벽 일부이다. 베를린시의 상징 동물인 곰 모양의 조형물에 브란덴부르크문의 사진이 찍혀있다.

독일이 통일하면서 그 문에 연결되었던 장벽을 약간씩 잘라서 기념으로 각국에 보냈다. 그것을 우리는 청계천 변에 세워서 여기(청계천2가) 베를린광장에 전시하였다. 우리의 휴전선 철책선도 이렇게 잘라서 각국에 기념으로 보내져서 전시되어 기념할 날이 빨리 오기를 바라면서 이 사진을 여기에 싣는다.

의 코를 베어 먹는다는 장안의 중심이었다.

한양의 어물과 잡화가 많이 거래되는 남대문 칠패시장에서 종로의 육의전으로 연결되는 큰길은 주로 상인들이 왕래하는 칠패길(남대문로)이었다. 당시에는 세종로에서 남대문으로 직접 연결되는 도로는 없었고, 모두 남대문에서 칠패로를 거쳐서 종로로 간 후에 세종로나 북촌, 서촌으로 이동하게 되어 있었다.

그러나 당시에는 지방 연결 도로명은 있었지만, 도시 내의 도로명은 없

청계천 평화시장의 헌책방거리(청계천 5, 6, 7가 전태일 다리 부근)

었다(장소명이 대신함). 말하자면 한성의 주요부의 연결을 간접 연결이 되게 도로를 개설한 것이다. 이는 성안의 안보와 방어에 유리한 가로 패턴으로, 성내의 가로 건설에서 자주 쓰는 방법이다. 한양은 따라서 세종로와 종로가 주된 길이고, 그에 직접 연결된 남대문로가 주된 길이었다. 나머지는 보조적인 도로였다. 그리고 주택지는 막다른 골목도 많은 도시였다.

열성이는 그들과 앞서거니 뒤서거니 하면서 번화한 길의 양쪽 편을 두리번거리면서 걷고 있었다. 그곳은 오늘날 서울의 중심부인 충무로, 명동으로 발전해 있는 장소이다.

거기서 조금 더 북쪽으로 걸어가니 커다란 돌다리가 있고, 그 아래에는 깨끗한 물이 흘러가는 상당히 넓은 개천을 건너게 되었는데, 개천은 2개가 하나로 합류하고 있었다. 이 개천은 태종이 전국의 장정들을 모아서 인공으로 하천 길을 직선으로 내고, 홍수 시에 범람하지 않도록 제방을 쌓아서 만든 절반은 인공의 하천이다. 후세에는 이를 개천 또는 청계천으로 부르는 시내(하천)로 수시로 준설을 하였고, 성 밖으로 나가는 문은 동쪽의 시구문(5간 수문)이다.

3. 한양성의 열성이

청계천과 광통교 그리고 종로와 종각

한양성의 평지는 본래 청계천의 침식과 충적작용으로 만들어진 것이다. 태종은 전국의 장정들을 모아서 인공으로 하천의 길을 내고, 홍수에 범람하지 않도록 제방을 쌓고, 수로를 직선으로 고정시켰다. 그래서 후세에는 이를 개천 또는 청계천으로 부르고, 홍수 후에는 때때로 준설하였다. 이 하천이 성 밖으로 나가는 출구는 동쪽의 시구문 혹은 오간수문이다. 일부는 이간수문으로 나갔다.

개천을 건너서 열성이가 좀 더 북쪽으로 걸어가니 많은 집이 처마를 맞대고 줄을 맞춰서 지어져 있고, 말로만 듣던 가장 크고 번화한 종로를 이루고 있었다. 그 길의 네거리의 한쪽에는 큰 누각이 서 있고, 그 위층에 큰 종이 매달려 있었다. 왕은 시간에 맞춰 그 종을 치게 하여서 인경(밤

현재의 청계천 버들교 부근(왼쪽). 동대문 부근의 버들교로, 이 주변은 전태일 열사와 노동운동, 섬유산업, 시장, 헌책방 등 서민들의 생활과 밀접히 관련되는 장소이다. 오간수문(시구문) 근처에 있다. 다음의 청계천 고가도로 사진을 보면, 근대 산업화기에 청계천은 전부 복개되어서 그 위로 차량이 다니는 길로 변하였다. 지저분한 오염 하수가 보이지 않게 되고, 교통에도 큰 도움이 되었으나, 본래 청계천의 기능은 사라졌다(본래 청계천은 상류에서는 물을 퍼서 음료수로 사용할 정도로 깨끗했다).

현대에 들어서 삶의 질을 높이기 위해 청계천 기능을 복원하는 공사를 하여, 복개한 콘크리트를 뜯어내서 물이 흐르는 하천으로 되돌리는 공사를 하였다. 그 결과 청계천은 깨끗한 물이 흐르는 하천이 되었고, 이 물은 한강 물을 펌프로 퍼 올려서 다시 청계천으로 흘러가게 하였고, 큰 성공을 거두어서 세계 여러 나라가 벤치마킹해 갔다. 2004년 9월 24일 복원공사 중인 청계천 촬영.

10시(2경)에 종을 쳐서 성문을 닫고, 그 후 인경종을 28번 쳐서 통행을 금지하였다)과 파루(새벽 4시 통행금지 해제를 알리는 종, 33번 침) 등의 시간을 알렸고, 그에 따라서 도성의 문을 여닫게 하고, 통행금지도 명하였다. 그래서 조선 시대부터 이 종이 매달려 있는 누각을 '종루(鐘樓)'라고 불렀고, 한양의 기본이 되는 도로인 이 큰 직선의 동~서 중심도로도 이 종과 종루에서 이름을 따서 '종로'라고 불렀다.

열성이는 이것저것 모든 것이 새로워서 앞으로 가질 못하고 구경만 하였다. 이 종루의 맞은쪽에는 육의전이 있었다. 조선 시대 왕실에서 사용

근대의 청계천 불량주택. 판잣집이라고 불리며 합판, 판자, 각목 등으로 만든 임시 주택이다. 근대 산업화 과정에서 많은 사람이 서울로 몰려들면서 '사람은 나면 서울로, 말은 나면 제주도로'라는 구호 아래 서울로 인구가 빠르게 집중하게 되었다. 당연히 주택이 부족해지고, 사람들은 청계천 변과 성 내외의 산지에 임시 가건물 속칭 '판잣집'을 불법으로 지었고, 서울에서 임시생활을 하게 되었다. 불량주택인 판잣집에 사는 인구는 헤아릴 수 없을 정도로 급증했고, 청계천에만도 수만 명이 몰렸다. 이 사람들을 후에 성남시라는 급조된 도시로 강제로 이주시키게 되면서 도시문제의 심각성이 드러났다. 그때는 생활편의시설이 없어서 성남시민들의 격렬한 항의도 많았었다.

하는 물건을 공급하는 고급 상점들이 있는 곳이다. 조선은 나라에서 상업을 억제하던 시대였고, 특별히 허가를 받아야 상업을 할 수 있었으므로 육의전은 막대한 권력을 가진 상점들이었다. 그래서 종로에는 지위가 높은 사람들이 많이 왕래하였다. 또한 종로는 대로라서 양쪽 편 모두 가게들이 즐비하게 잇닿아 있었고, 그 육의전의 뒤편으로는 좁은 도로가 종로에 평행하게 있었고, 그 뒤로 피맛골도 있었다.

지금도 마찬가지이지만, 진짜 맛있는 음식점은 서민들이 많이 찾는 음

재개발하기 전의 청계천 2층 고가도로. 아래층의 바닥은 복개한 위로 연결된 도로이고 그 아래로
오염된 청계천이 흘렀다.

조선 시대 성안의 일반 평민들은 이 개천(청계천)에서 빨래를 하기도 하고, 손과 발을 씻기도 하고,
상류에서는 물을 퍼서 음료수로 쓰는 등 청계천은 서울 서민 생활에 아주 중요한 하천이었다. 그
래서 후대의 여러 왕들은 홍수 후에는 이 개천을 준설하고, 제방을 고쳐 쌓고 하면서 홍수 피해를
방지하고, 백성들의 생활을 직간접으로 도와서 어려움이 없게 하였다.

'종각역'이란 이름은 이 종루에서 유래한다. '보신각'이라고 누각의 이름을 알리는 현판이 붙어있다. 이 누각의 이름은 종루이고, '종로'라는 이름도 이 종루에서 유래한다. '종을 쳐서 시간을 알리는 일'이 왕명으로 여기서 시행되었다. 시간의 관리는 국왕의 권한이고, 의무이기도 했다. 출처 : 〈나무위키〉에서 부분 선별 전재

종각역 육의전 자리에서 바라본 종각과 남대문로(칠패길) 양편, 광통교 주변의 서울 중심부(CBD, 중심업무지구) 고층 건물들. 조선 시대부터 전국 최대인 서울의 상업지구였다.

한국의 민족자본에 의해 최초로 건설된 백화점인 화신백화점 자리. '화신백화점 자리에 세워진 종로타워'에서 바라본 청계천과 '칠패길(남대문로)'의 일부와 광통교(광교사거리). 청계천은 복원되었고, 광통교 자리는 넓게 다리가 건설되어서 말 그대로 넓은 다리(廣橋, 광교)가 되었다. 종로에 면한 우측 노란색 건물은 책방으로 유명한 영풍문고이고, 광교네거리에 면한 좌측 낮은 건물은 신한은행(구 조흥은행), 우측 신축 고층 건물은 DGB 금융센터이다. 말하자면 이곳은 금융, 은행, 백화점, 사무실, 호텔, 기업 본사 등이 밀집된 장소이고, 서울시의 가운데인 CBD(중심업무지구) 중에도 가장 핵심 지구(CBD Hard Core)이며, 명동의 상업지구에 이어진다. 이 서울의 핵심적인 중심지가 서로는 세종로, 동으로는 동대문까지 펼쳐진다.

식점으로, 당시에는 피맛골의 여러 맛집들이 잘 알려져 있었다.

최열성 운종가의 상가에서 여비를 털리다

열성이는 많은 사람 틈에 끼어서 사람들 등에 떼밀리면서 천천히 걸어

갔다. 비록 빨리 가지는 못해도 여기저기 구경하면서 걸어가니 피곤한 줄

도 모르고 걸었다. 그리고 운종가의 종각을 구경하느라고 상당한 시간을 보냈다. 그 앞의 종로길은 성안에서도 가장 번화하고, 고급 물건을 팔고, 물품 대부분을 왕궁에 공급하는 육의전(六矣廛)[14] 가게들이 거창하고, 화려하게 서로 붙어서 나란히 서 있었다. 열성이는 그 가게들을 한참 동안 구경하고는, 종로의 옆길로 들어섰다.

거기는 아주 좁은 종로의 뒷길로 음식점이 많은 피맛골이었다.[15] 그 길에서는 여러 가지 음식을 작은 가게 안에서도 팔고, 길가의 노점에서도 팔았는데, 말하자면 먹자골목이었다. 새벽 일찍 성안으로 들어왔지만 조금밖에 못 왔는데도 구경하느라고 많이 서 있어서 배도 고프고, 다리도 아팠다. 좀 쉬고 식사도 할 겸해서 떡 전에서 떡을 조금 사서 먹기로 하였다. 한 냥 어치를 일부는 인절미로, 일부는 시루떡으로 샀다.

그 떡의 절반은 한지에 싸서 짐꾸러미에 끼워 넣고, 나머지 일부는 한지에 싸서 들고 먹으면서 떡 전을 나왔다. 다시 넓은 종로길로 나와서 한참을 걸으니 큰 절이 있는 입구에 닿았다. 그래서 이 큰 절 대사(大寺, 원각사)[16]라는 절에서 물을 좀 먹고 쉬기로 하였다. 큰 돌 위에 앉아서 쉬는

....

14) 주로 왕실에서 필요로 하는 상품을 구매해서 공급하는, 전매와 특권을 가진 6종의 관영상점들이다.
15) 종로의 큰길로는 높은 신분의 관료들이 말을 타고 통과하는 일이 아주 빈번하였다. 서민들은 높은 신분의 관료들이 말을 타고 지나가면 허리를 굽히고 고개를 숙여서 예의를 표하여야 한다. 그래서 높은 분들이 다 지날 때까지 움직이지 못하므로 생업에 막대한 방해가 되었다. 그래서 좁은 뒷골목에서 말을 피해서 영업을 할 수 있는 별도의 길을 만들었고, 이 종로의 좁은 뒷길을 말을 피하는 '피맛골'이라고 불렀다.
16) 수선전도에는 대사(大寺)로 나오지만, 본래 원각사이고 현재는 탑골공원이다.

현재 남아있는 화신백화점 자리의 육의전 터 기념비(왼쪽). 종로타워 앞(2023. 11. 09. 촬영).
종각역 앞의 종로에서 임진왜란 시에 이순신 장군이 백의종군하러 출발하여 칠패길을 지나서
삼남로를 따라서 남쪽으로 향하였다는 기념표지석(오른쪽). 이곳 종로의 육의전, 이현시장 그리
고 남문시장이 조선의 큰 시장(대시, 大市)이었다. 혜정교에서 창덕궁까지 운종가 상가의 행랑은
800여 칸이나 되었다(김정호 저 《대동지지》에서).[17]

데 주변에는 아이 둘이 놀고 있었다. 열성이보다는 훨씬 작은 아이들인데
그중의 하나가 말을 걸었다.

"어디서 오신 선비신지요?"

열성이는 "충청도에서 오는 사람입니다." 하고 깍듯이 대답하고는, 짐
꾸러미를 메고 일어나려고 했다.

그랬더니 말을 걸었던 그 아이가 "내가 길동무해 드리지요. 나는 성균
관에 가는 길을 잘 알아요." 하고 말하면서 열성이 옆으로 다가왔다.

열성이는 "그러세요? 아직 갈 길이 멀지요? 그런데, 내가 성균관에 가

121페이지에 연결됨.

....

17) 김정호(金正浩), 1866, 편저, 임승표 역주, 2004, 《대동지지(大東地志)》 1, pp. 82~83

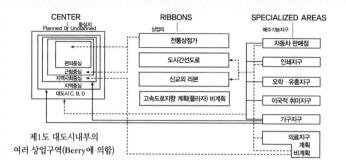

제1도 대도시내부의
여러 상업구역(Berry에 의함)

서울 중심업무지구(CBD, Central Business District)의 발달과 그 내부구조.

왜 중심업무지구가 형성되는가? 토지의 유한성과 이동 불가성이 위치 지대라고 하는 독특한 지대와 지가를 형성한다. 가장 많은 사람과 교통량이 모이는 곳은 대체로 도시의 중심에 해당하고 거기가 제일 지가가 높고 지대도 높다(최고지가지점). 그곳은 접근성이 높아서 지가가 높다. 그래서 가장 많은 사업체가 거기에 입지하려고 하지만, 지가(지대)를 부담할 수 있는 능력이 있는 업체, 즉 수익을 가장 많이 낼 수 있는 업체가 경쟁을 통해서 입지하게 된다.

이 최고지가지점(우리나라는 서울의 '명동 입구'인 '회현역 6번 출구에 위치한 네이처 리퍼블릭'이 입지한 장소가 최고지가지점이고, 지하철이 개통되고나서 최고지가지점이 과거 코스모스 백화점 자리에서 회현역 입구로 이동했다)에서 4방으로 거리가 멀어지면 그에 따라서 지가가 하락하지만, 도로를 따라서 변화한다(완전한 반비례 관계는 아니다).

그래도 최고지가지점에서 거리가 멀어짐에 따라서 중심부의 내부는 여러 기능구역이라고 하는 업무, 기업 본사, 금융 보험, 은행, 백화점과 전문소매업, 호텔과 고급레스토랑, 고급 의류 판매점, 여가 · 오락 · 환락 등의 기능들이 각각 많이 몰려있는 구역이 있는데, 그를 기능구역(Functional Area)이라고 한다. 이들은 중심부에서 중심부의 주변부(CBD Edge)까지 띠모양의 대상으로 발달하고 있다. 이런 관계를 1960년대 미국의 도시 지리학자들이 발표하였고(특히 B.J. L. Berry) 그 원리를 크리스탈러(Christaller)의 중심지 이론(Central Place Theory)으로 설명하였다.[18]

그 이론을 가지고 서울을 모형화한 것이 다음 그림이다. 서울을 설명한 연구도 여럿이 있지만, 여기서는 필자와 서민철 박사가 공동으로 연구한 것을 소개한다(다음 페이지 각주 참고).

도심부 내부구조 모형은 위의 모형에서 중심지(Center)에 해당하는 것이다. 여러 중심지를 포섭하고 있는 가장 넓은 것이 '대도시 CBD'이고 서울의 CBD가 여기에 해당한다. 그러면 대도시 CBD의 내부는 어떻게 기능구역들이 구조화되어 있는가? 서울의 여러 기능체(상점, 업무 시설 등)들을 조사하여 분석한 결과를 소개한다. 위의 도심부 연구들을 기반으로, 고준호 박사가 고안한 서울도심부모형. 이다음 페이지의 모형이다.

....

18) Berry, B. J. L., 1967, 'Geography of Market Centers and Retail Distribution', Prentice Hall, N. J., pp. 44~47

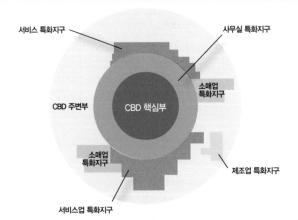

서울 도심부 내부구조 모형(고준호 박사의 모형).

서울에 입지한 여러 기능체 자료를 이용하여 분석한 서울시 도심부를 모형화한 것이 위 그림이다. CBD 핵심부(CBD Hard Core)에는 호텔, 백화점, 대기업 본사, 은행 보험, 외국 회사 지점, 고급 의류점, 고급 식당 등이 입지한다. 그 핵심부를 둘러싸고 있는 띠가 사무실 특화지구로 비교적 길게 길을 따라서 펼쳐진다. 그 사무실 특화지구를 둘러싸듯이 소매업특화지구가 남서와 북동으로 2개 지구, 서비스업특화지구가 남북으로 각각 2개 지구가 비교적 넓게 형성되어 있다.

그 나머지는 CBD 주변부(Edge)으로 여러 판매점 및 사무소, 즉 농산물판매, 화학약품 판매, 전자 제품 판매 등이 입지하여 기능들이 혼재되어 있다. 때로는 기계공업 제품 판매점, 건축재료판매점, 의복 원단 판매 대리점 등등, 특이한 것들도 있다. 그 외에 소규모 제조업특화 지구, 인쇄업 지구 등도 있으며, 모두 CBD 내에 입지하고 있는 특수기능지구들이다.[19]

왜 이런 기능지구들이 형성되는가? 입지된 여러 기능체들이 서로 경쟁하지만, 한 곳에 집중되어서 얻는 이익인 집적 이익은 공동 배송, 공동구입, 광고와 선전 등의 면에서 집적 효과가 크기 때문이고, 입지의 관성과 제품 계열상의 연계도 크게 작용하기 때문이다.

이 CBD의 밖으로는 점이지대라는 작고 오래된 가옥이 밀집되어 있고, 상업이나 공업도 입지되어 혼재된 토지이용이 나타난다. 그리고 다시 그 외곽에는 중산층의 주택지대가 있고, 그 외부로는 교외 지역이면서 대규모의 고급주택지구가 형성되어 부유한 사람들이 사는 신흥 고급주택지구가 있다(Burgess, 동심원 구조이론, Berry, 시장중심지와 소매업분포의 지리에서).

19) 주경식 · 서민철, 1998, '서울 도심부의 내부구조', 〈대한지리학회지〉, Vol. 33, pp. 41-56

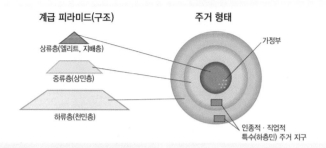

계급 피라미드(구조)

상류층(엘리트, 지배층)

중류층(상민층)

하류층(천민층)

주거 형태

가정부

인종적·직업적
특수(하층민) 주거 지구

고대도시에서 사회계층별 주거지의 공간분화 모형(Sjoberg의 Pre-Industrial City의 이론을 Redcliffs가 모형화함). 내부의 지배계층이 사는 핵심 공간은 성벽으로 둘러싸여 있다. 안보와 관련해서 외부의 천민들이 사는 공간은 1차 방어선 역할을 하였다. 가장 외부가 외적에 뚫려야 상민 층들이 위험해지고, 두 번째 상민들 주거지구가 뚫려야 마지막으로 지배층이 위험해진다. 안의 성 벽이 뚫리면 비로소 고대 전산업 도시의 지배계층이 위험해진다.

탑골공원의 원각사지 10층 탑. 현재는 풍화 침식을 막기 위해서 유리로 보호 덮개를 해서 보호하고 있다. 대리석으로 제작되어서 흰 백색이고 비와 습기에 약하여 침식을 많이 당하여 보호장치를 유리로 제작해서 덮어 놓고 있다. 이 자리는 현재 탑골공원이라고 하는 장소이고 탑골도 이 탑에서 유래한 지명이라 하겠다.

개발 전의 피맛골의 일부. 현재는 재개발로 대부분이 사라졌고, 그 자리에 현대식 건물이 들어서 있다.

현재 남아있는 옛 피맛골의 좁은 골목 일부. 오래되어서 황폐한 경관이다(2023. 11. 09. 촬영). 배후의 현대식 고층 건물은 재개발로 다시 건축한 건물들이다. 토지가 너무 영세한 소규모 필지라서 단독으로는 재개발을 하지 못하는 경우가 대부분이다. 따라서 몇 개의 지분을 합해야 재개발이 가능하다. 그래서 영세한 상인들은 독자적으로 재개발이 어려워서, 자기가 장사하던 가게의 토지 지분을 팔고 떠나는 경우도 허다하다.

재개발하여 다시 지은 피맛길의 음식점과 공원. '피마길 실비집'과 흥진옥, 공원, 공공건물 담장 등이 보인다(2023. 11. 09. 촬영).

는지는 어떻게 알았지요?" 하고 짓궂게 물었다.

그러자 다른 아이가 씩 웃으면서 "아니, 별로 멀지 않아요. 나는 가깝게 가는 지름길을 잘 알지요." 하고 말하면서 열성이 쪽으로 바짝 붙었다. 그리고는 "차림새가 시골 선비님인데, 성균관이 아니면 중학이나 동학에 가는 길이겠지요." 하면서 자기의 갈 길을 꿰뚫어 보면서 능청스럽게 웃는 맹랑한 아이들이었다.

열성이는 먹던 한지 속의 떡을 몇 개 꺼내서 아이들에게 건넸다. 아이들은 떡을 나누어 먹으며 좋아하였다. 열성이는 다시 앉아서 한참을 쉬었으므로 천천히 일어나서 출발하려는데, 한 아이가 "짐은 우리가 들어다

드리지요." 하면서 어깨에 멘 등짐 자루를 끌어당겼다. 열성이는 등짐을 넘겨주지 않으려고 힘을 주다가 중심을 잃으면서 넘어졌다. 아이들은 열성이를 양쪽에서 부축하여 일으켜 세우면서, 등짐을 빼앗아서 그중 한 아이가 메었다.

그리고는 셋이서 앞서거니 뒤서거니 하며 한참을 종로를 따라서 동쪽으로 걸었더니 왕과 왕비들의 신주를 모시는 대묘(宗廟, 종묘) 입구에 닿았다. 열성이는 천천히 담장 아래의 돌 위에 앉아서 다시 쉬면서 아이들 보고 "이제 내가 짐을 지고 가지요." 하고 말하였다. 그런데 오래 참고 걸었더니 소피가 아주 급해졌다. 너무 오래 참아서 소피가 그냥 새어 나올 지경이었다.

그래서 열성이는 "여기서 잠시 쉬시지요."라고 말하고는 골목으로 몇 걸음 들어가서 담을 향하여 서서 소피를 보았다. 오래 참았던 오줌이라서 계속하여 많이 나왔다. 한참이나 소변을 보고 나니 약간 추어서 몸이 떨리긴 했지만, 그래도 몸이 시원하고 속이 후련하여 좀 가뿐해졌다. 그래서 천천히 옷의 먼지를 툴툴 털고, 허리춤을 추스르고는 주변의 집들을 살피면서 골목에서 천천히 나왔다.

그런데 거기 있던 아이들이 둘 다 보이지 않았다. 열성이는 갑자기 무척 불안해져서 "애들아! 애들아!" 하고 부르면서 아이들을 찾았다. 이름도 사는 곳도 모르는 아이들이었기 때문에 마음만 급했다. 등짐 속에는 스승님의 편지와 책과 노자 일부와 옷가지들이 들어있다. 어제 이태원 주막에

재개발 후의 피맛골 상점 중에서 간판을 유지하고 있는 재개발된 피맛골(청진동). 좁고, 작고, 낡았던 피맛골의 가게들이 큰 새 건물과 공원으로 변하였다. 피맛골을 'P마골 실비집'이라고 쓴 간판도 보인다. 훨씬 깨끗한 분위기지만 여러 맛집이 사라졌고, 영세한 가게가 대부분 소멸되었다 (2023. 11. 09. 촬영). 말하자면 전통상점들이 재개발로 현대식 대규모의 가게로 젠트리피케이션(Gentrification)화하면서, 영세적인 소규모의 전통음식점 대부분이 다른 지역으로 밀려났거나 소멸되었다.[20]

서 잠을 자면서 노잣돈을 반으로 나누어서 절반은 몸에 간직하고는 필요 시에 쓰기로 했고, 반은 등짐꾸러미 속에 넣어서 잘 보관하려고 했기 때

---

20) 젠트리피케이션(Gentrification) : 주거지의 고급계층화 변화. 전통적인 주거지는 택지가 소규모로 분할되어 있고 건물이 오래되어 황폐화되어서 거주자들도 낮은 임대료만을 감당하는 하류계층의 사람들이 주로 살아왔고, 그에 따라서 여러 도시 설비가 부족하고 개선되지도 않아서 장소가 황폐한 경우가 많다. 그러나 이런 곳은 도심에 가까운 곳, 교통로에 근접된 곳이 많아서 재개발하면 지대가 급등하면서 상류층의 사람들이 들어오게 된다. 그렇게 되면 하류층의 사람들은 비싼 임대료를 부담할 수 없게 되어서 살던 곳에서 쫓겨서 밀려 나가게 된다. 우리나라의 불량주택지구가 아파트로 재개발되면서 나타나는 과정으로 쉽게 관찰이 되는 현상이기도 하다. 그런데 상가의 재개발에서도 유사한 현상이 나타난다.

종로구 공평구역의 재개발 현장. 이 공사가 완성되는 5, 6년 후에는 현대식 대규모의 고층 건물이 즐비해질 것이다(2023. 11. 09.).

문이다.

열성이는 마음이 조급해져서 이 골목 저 골목을 기웃거리면서 그들도 자기처럼 소변을 볼지도 모른다고 생각하며 아이들을 부르며 무작정 찾았다. 그러나 아이들의 행방은 묘연하여 그림자도 볼 수가 없었다. 그렇게 찾으면서 돌아다니다가 보니 시간이 많이 흘러서 이제 뉘엿뉘엿 해가 서쪽으로 기울어져가고 있었다. 한식경이면 어두워질 시간이었다. 그렇게 어딘지도 모르는 곳을 무작정 찾아다니다가 열성이는 너무 지쳤다. 그래도 이를 악물고 여기저기 찾다가 다시 종묘에 돌아와서 담벼락에 기대

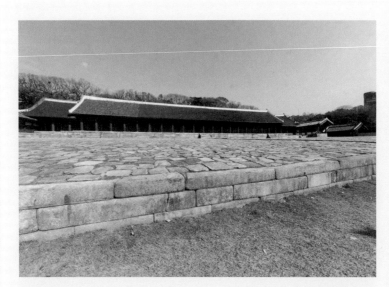

종묘(대묘) 전경. 맞배 형식으로 아주 독특하게 건축된 건물로 조선의 왕과 왕비들의 위패를 모시고 제사를 지낸다. 이 건물은 세계문화유산이다. 한편, 제단의 바닥에 깔린 돌조각은 행사 중이나 보행 중에 미끄러져서 실수하지 않도록 표면을 불규칙하고 거칠게 다듬은 박석이란 돌조각들이다.

앉아서 조금 쉬었다.

얼마나 쉬었을까? 그사이에 앉아서 잠깐 잠이 들었고, 한참의 시간이 지나간 것이다. 주위는 이미 어두워져 가고 있었고 몸에 냉기가 느껴졌다. 스승의 편지와 책을 찾지 못하고는 성균관에 갈 수가 없었다. 그래서 그냥 이 대묘(종묘) 부근에서 밤을 지내면서 아이들과 짐을 찾기로 하였다. 그러나 그런 생각은 정말로 엉터리없는 생각임을 열성이는 금방 알게 되었다. 왜냐하면 2경(10시경)에 대문이 닫히고 인경(12시경)이 울리면 성안은 통행 금지가 된다.

종묘 부근의 공원과 쉼터. 종묘나 사직단 주변에는 소나무를 많이 심었다.

그러면 길거리에서 잠을 자다가는 순라군에게 걸려서 큰 경을 칠 수도 있으므로, 2경(10시경) 전에 잠을 잘 자리를 정해야 하기 때문이다. 그러나 낯선 한양에서 어떻게 당장 이 번잡한 운종가에서 잠자리를 구할 수가 있단 말인가? 열성이는 갑자기 조급해지고 겁이 덜컥 났다.

그러다가 '궁하면 통한다.'라는 말대로 오늘 밤은 이 종(대)묘의 구석에서 어떻게 숨어서 잠을 자기로 하였다. 사실 이 대묘(종묘)는 조선의 역대 왕과 왕비의 위패를 모시고 제사를 지내는 경건한 곳이지만, 그만큼 사람들이 접근을 꺼리는 곳이기도 하다. 더구나 순라군이 도는 길이 이곳을 교차지점으로 점검하므로, 조심하지 않으면 쉽게 잡혀서 큰 벌을 받게 된

재개발된 종로의 이면도로. 좁은 골목과 작은 영세한 가계들은 모두 사라졌다. 화재에 대비하는 도로는 좋으나, 전통적인 맛과 멋과 분위기는 모두 사라졌고, 업체의 젠트리피케이션이 일어났다. 'Replace(대체, 바꾸다)'라는 말이 의미하듯이 종로의 이면도로에서 큰 변화가 일어난 것이다. 피맛골을 비롯한 좁은 길들을 넓히고, 영세한 황폐하고 낡은 건물들을 새롭고 크게 재건축하여 도로를 넓히고 재개발하여 고급화하였다. 그러자 정작 주도로인 종로에서는 빈 상가와 건물이 늘어나고 있다. 통행인도 관광객이 많지만, 노인들이 많았다.

다. 그러나 종묘의 내외는 잘만 살피면 몰래 숨어서 쉴 곳이 많았다. 다행히 날씨가 봄날이라서 저녁에도 따뜻해서 숨어서 잠을 자려는 열성이에게는 큰 도움이 되었다.

숲속, 창고, 담장, 제사음식 짓는 곳, 사람들 대기하는 곳, 공민왕 신위 모신 곳 등등 쉬면서 숨어서 잠을 잘 만한 곳을 살피던 열성이는 그중에서 창고 옆의 소나무 뒤의 잡목 숲속에서 쉬기로 하고 나무에 가려진 한 곳에서 다리를 펴고 앉았다. 그러나 이씨조선의 근본이 되는 종묘를 역대

열성이 돌아다니면서 자기의 짐을 찾던 곳(피맛골 ↔ 종묘 사이)

의 왕들이 소홀하게 방치하지는 않았고, 따라서 순라군들이 하루에도 몇 차례 종묘 주변에서 순라를 돌기는 하였다.

열성이는 다행히 피맛골에서 산 떡을 한지에 싸서 조끼의 호주머니에 넣었는데, 그 떡이 몇 개 남아있었다. 그것을 먹고 나니 밤에 배는 그리 고프진 않았다. 나무 아래에는 잎사귀들이 두껍게 쌓여 있어서 그것을 좀 긁어다가 펴고 그 위에 누웠더니 훌륭한 잠자리가 되었다. 더구나 온종일 뛰고 걷고 하며 짐을 찾으려고 애타게 돌아다녀서 걱정이 많았음에도 열성이는 금방 잠에 떨어졌다.

종묘에 모셔진 이씨조선의 왕과 왕비의 신주 모습

얼마나 잠을 잤을까? 사방이 캄캄한데 사람들 인기척이 났고 느린 발걸음으로 옆을 지나가고 있었다. 담장 넘어 순라를 도는 순라군들의 발걸음이지만, 밤이라서 무척 조용하고 어두워서 옆에서 걸으면서 하는 말소리처럼 들렸다.

한 순라군이 "요즘 어린 것(소년)들의 비행이 점차 늘어가고 있어서, 정말로 앞날이 걱정이야!" 하고 말했다.

그러자 다른 순라군이 "그래 맞아요, 정말로 남의 일이 아니야, 그들 덕에 이 순라군의 일을 하기가 점점 힘들어지고 있지."라고 탄식을 하면서 순라군들이 걸어가고 있었다.

사직공원의 사직단(사단과 직단). 이씨조선의 왕이 백성들을 위하여 토지의 신인 사(社)와 곡식의 신인 직(稷)을 위해 단을 만들고 제사를 지내던 장소였다. 사직단은 종묘에 대응하는 국가의 기틀이 되는 장소이다. 사직은 왕의 우측에 설정되었고, 왕의 좌측에는 종묘가 배치되어 있었다. 즉 주례의 고공기에 의하면 전조후시(前朝後市)로 왕의 전면에는 조정이 세워져 있고, 왕의 뒤로는 시장이 세워져 있었다. 또한 왕의 좌우에는 좌묘우사(左廟右社)가 배치되었다.[21]

그래서 종묘와 사직은 봉건국가(조선)의 기틀이자 상징이었다. 단, 우리나라에서는 중요 건물이 배산임수에 위치하므로 왕의 뒤편은 산지이다. 그래서 왕의 뒤에 시장을 설치할 수가 없어서 실제는 왕의 앞쪽에 좌측으로 시장이 배치되었다. 또한 사직단은 농업과 토지가 나라의 근본임을 상징적으로 보여주는 것이라고 할 수 있다.

예나 지금이나 청소년의 비행이 늘어나는 것은 마찬가지였던 모양이다. 그들은 피맛골과 이 종묘 부근에서도 소년들 비행이 많이 늘었다고 걱정과 푸념을 하고 있었다. 다음 세대에 대한 어른들의 걱정은 예나 지금이나 마찬가지였던 것이다.

....

21) 노사신 · 양성지 등, 《신증동국여지승람》, 명문당, pp. 39-40. 한국고전간행회

열성이는 숨을 죽이고 그들의 말을 듣고는, 참, 나이 많은 사람들은 너무 쓸데없는 걱정을 많이 한다고 생각했다. 그리고 그들이 지나가자 일어나서 소피를 보고 다시 누웠는데 잠이 잘 오질 않아서 그냥 앉아서 기다렸다. 그래서 창고 벽에 기대앉아서 시간을 많이 보내다가 잠깐 다시 잠이 들었다. 열성이가 다시 잠을 깼을 때는 이미 날이 밝아서 성 안팎의 사람들이 안개 속에서 바쁘게 움직이고 있었다.

열성이도 다시 자기 짐을 가지고 간 불량소년들을 찾으려고, 옷에 묻은 나뭇잎 티끌 터럭과 먼지를 털어내고 밖으로 나갔다. 그리고 빠른 걸음으로 자기가 소변을 보던 골목 안으로 다시 들어가려는데, 골목 안의 담벼락 아래에 흰 자루가 보였다. 멀리서 보아도 자기 짐을 넣은 열성이의 자루였다. 뛰어서 가까이 가서 보니 틀림없이 자기의 자루였다. 열성이는 감사와 안도의 숨을 쉬지도 못하고 서둘러 안을 뒤졌더니 책과 선생님의 서찰, 옷가지 하나는 그냥 있었고, 나머지 옷들과 노자는 사라졌다.

정신을 차린 열성이는 그 아이들에게 고맙다고 몇 번이고 감사해 했다. 하기는 책은 그 아이들에게는 별로 쓸모가 없으나, 헌책으로 팔면 그래도 몇 푼은 받을 수 있을 터인데, 서책은 고스란히 돌려주었다. 열성이가 중요시하는 것들은 다 돌려받은 것이다. 그는 누구에게인지도 모르게 "감사합니다! 감사합니다!" 하고 말하면서 길바닥에 넙죽 엎드려서 몇 번이고 절을 하였다. 아마도 책을 버리거나 팔면 자기네가 속이고 빼앗은 짐의 임자에게 너무 미안했던 모양이다. 말하자면 아이들이 중요한 것을 다 알아서 돌려준 것이다.

열성이는 얼른 다시 자루를 돌 위에 올려놓고는 짐을 다시 추슬러서 싸서 넣고, 멜빵끈을 자기에게 맞게 다시 조절하였다. 그리고 재빨리 동대문인 흥인문을 향해서 종로를 따라서 걷기 시작하였다.

열성이는 어제 헤맸던 길을 다시 걸어서 좌포청을 지나고 또 자기가 밤을 보냈던 종묘 또는 대묘(大廟)라는 조용하고 경건한 장소 앞을 다시 지났다. 이곳은 바로 이씨조선이라는 나라의 기틀이 되는 종묘로 왕의 좌측 앞쪽으로 설치되어 있었다. 그래서 한성이란 도시의 기본 틀도 전조후시 좌묘우사(前朝後市 左廟右社)라는 원칙으로 우측에는 사직단이 건설되었다.

그것을 다시 지나면서 보니 너무 넓고 커서 안을 제대로 볼 수 없을 정도였다. 그곳에는 큰 샘물도 있었는데 열성이 정도는 감히 접근할 수 없는, 왕을 위한 우물이었다. 열성이는 어젯밤에 몰래 숨어서 잠을 자기도 했지만, 오늘 사부님 서찰과 서책을 돌려받게 해준 것이 종묘의 왕과 왕비들의 음덕이라고 생각하고 여러 번 고개를 숙여서 감사를 표시한 후에 동쪽으로 향했다.

좀 더 동쪽으로 걸어가니 한편에 군사들과 포졸들이 많이 왕래하고 있었고, 어영(御營)이라는 임금님을 위한 친위 군사들이 머물고 주둔하는 곳이 있었다. 잘못하면 바로 잡혀가서 곤장을 맞곤 하는 곳으로, 일반 백성에게는 무서운 공포의 장소였다.

현대의 광장시장은 본래 조선 시대의 배오개시장이 발전된 것이다. 대체로 현재 종로와 청계천 4, 5가에 해당한다.

그러다가 배오개시장을 지나면서 늦었지만 국밥을 한 그릇 사서 먹었고 그것이 아침 식사였다. 아직은 아침이었지만 많은 사람이 시장의 골목 골목마다 북적이고 있었고, 하루의 활동이 대부분은 이른 새벽에 이루어짐을 알 수 있었다.

종각을 지나서 이곳 배오개시장에 들어오자, 사람들이 아주 많아졌다. "여러 상점이 길을 따라서 도로의 전면과 뒷길의 사이사이에 꽉 채우듯이 모여 있고, 사람들도 구름처럼 모여든다."고 말해서 종각의 육의전부터 이 부근까지를 운종가라고도 불렀다.

그곳은 물건을 파는 점방이 수없이 늘어서 있었고, 일정한 거리를 두고 구간별로 팔고 사는 물건들이 종류별로 진열되어 있었다. 그리고 많은 건물이 끝모르게 즐비하게 서 있었다. 얼마나 장사가 잘되는지 똑같은 물건을 팔고 사는 가게들이 여럿 잇달아 줄지어서 있었다.

이곳이 바로 종로의 배오개(梨峴, 이현)시장이었다. 이 시장은 전국에서 가장 크고, 여러 가지 최상의 좋은 물건들이 거래되는 시장으로, 더 좋은 물건은 종루 서쪽의 육의전에서 왕실에 물건을 공급하는 곳에 많았으나, 이곳의 상인들도 전국을 상대하는 큰 상인들로 도가를 이루는 곳이 많다. 그들 중에는 도매로 물건을 싸게 거래하는 상인들도 많았으므로 다른 장들보다 물건값이 싸고, 상품의 종류도 다양하고 양질의 상품들이 많았다. 그래서 이곳 상인들은 열성이 정도는 상대도 해주지 않는 사람들이

동대문 옆의 청계천 출구인 오간수교와 성곽. 시구문으로 주로 사람의 시체와 장례 행렬이 지나고, 청계천 물이 빠지는 곳이다(왼쪽). 현대의 오간수교와 그 위의 도로, 한성부 성곽이 동대문에 연결되도록 일부를 복원하였다(오른쪽).

대부분이었다. 열성이는 어제 뜨거운 맛을 보았으므로, 코를 두 번 다시 베이지 않도록 손으로 만지면서 동쪽으로 빨리 걸어갔다.

그래도 왕래하는 많은 사람들을 재미있게 보면서 그곳을 지나니 동부라는 관청이 있고, 이어서 큰 다리가 있었다. 거기서 북쪽으로 방향을 바꾸어 걸어가니 연지(蓮池)라는 큰 연못이 있었고, 연꽃과 연못을 중심으로 앉아서 쉴 수 있는 장소였다. 다시 좀 더 나가면 성균관에서 나오는 하천인 동반천과 서반천이 합하여 이루는 흥덕동천(현재는 대학로천으로 복개되었음)이 있었다. 거기서 흥인지문을 나가지는 않고 개천 부근을 걸으면서 좀 쉴 겸 한양성의 벽을 따라서 남쪽으로 구경삼아서 걸었다.

한양에서 나오는 청계천의 물은 성벽 아래의 동쪽 오간수문을 통해서 흘러나간다. 그 문은 시구문이라고 해서, 다섯 칸의 수문 다리로 청계천 물과 죽은 사람 시체가 통과하는 문이다. 오간수문은 동대문에서 가까운 거리에 있는 청계천의 출구이고, 그 위로 다리가 놓여 있다. 그리고 거기에 한성의 성벽이 건축되어 있었다.

열성이는 거기서 잠시 쉬다가 다시 동대문(흥인문)으로 와서 동학을 구경하였다. 이곳은 성균관에 가지 못하는 사람들이 배우는 학교였고, 한성의 동서남과 중앙에 각각 이런 학교가 있었다. 학교를 조금 구경하면서 쉬다가, 열성이는 다시 북쪽으로 방향을 틀어서 긴 다리(장교)를 지나고 또 다른 넓은 다리(광통교)를 건너서 좀 더 북쪽으로 가면서 구경하였다.

조금 걸어가니 반촌마을이 있었다. 이 반촌마을은 규모는 큰 편이었지

조선의 수선전도(한성부)의 주요 하천도. 하천, 산지와 성내 방, 동 등 중요 장소가 보임.

만 허름한 초가들이 많았고, 그중에는 고기나 떡을 파는 집도 여러 채가 있었다. 가게를 내진 않았지만, 일반 가옥의 형태를 취하면서도 그 안에서 주로 소고기, 떡, 책, 옷가지 등을 파는 집이 여럿 있었고, 그 거래액도

동대문. 본래는 흥인지문(興仁之門)으로 동쪽과 동남쪽에서 오는 사람들의 출입문이다. 남쪽은 남산이 통행을 막고 있어서 동대문이 중요한 출입문으로 농산물, 땔감 등이 주로 한양성으로 들어오는 대문이다. 지금도 청량리시장은 농산물 값이 싸고, 종류도 많다.

반촌의 상가들(《MBC》 '동이'라는 연속극에 나오는 반촌의 풍경. 상당히 좋게 과장되었으나 빈곤한 상태와 그들의 낮은 신분은 쉽게 확인할 수 있다)

북한 개성의 고려 성균관 대성전 건물. 고려 충선왕 때인 1308년에 성균관으로 개칭하여 국립학교로서 성균관이 시작되었다. 현재의 건물은 임진왜란 시에 소실되었다가 선조 시에 다시 지은 것이다. 팔작지붕이고, 현재는 박물관으로 사용된다. 이런 성균관의 방치와 전용은 유교의 이념을 부정하는 공산주의와 관련이 있을 듯하다. 이 건물은 세계문화유산이다. 그리고 현재 개성 성균관 대학은 섬유공업 계열의 공과대학이다.

개성 성균관 명륜당 건물. 대성전과 같이 임진왜란 시에 불에 타고 선조 시에 다시 지은 맞배지붕 건물이다. 조선 시대 성균관의 기능은 없고 향교 정도의 역할을 했다. 건물은 세계문화유산이며 박물관으로 이용. 개성시 반죽동(방직동), 저자 촬영. 후면의 민둥산이 북한의 경제상태를 반영한다.

대학로의 마로니에 공원(옛 서울대학교의 자리였다). 마로니에 공원은 대학로 연극거리와 대학로 카페거리, 공연예술센터 등이 위치하여 공연문화시설이 집중되어 있다.

상당히 큰 경우가 많았다. 이곳부터 반촌인데, 주된 마을은 숭교방과 흥덕동에 이르고, 그를 벗어나서 더 서북쪽으로 조금 올라가니 성균관이 있었다. 이 반촌의 주민들은 성균관에 노력 봉사하는 일을 하는 사람들이 많았지만, 푸줏간이나 고리점, 떡집 등을 하여 큰돈을 번 사람도 많았다.

오늘날의 마로니에 공원 앞의 대학로를 건너면 함춘원(창경궁의 후원)이 있고, 현재 서울대학교 의대와 대학병원, 치대와 치과병원, 간호대학 등이 있다. 또한 이 마로니에 공원 자리는 일제 강점기 경성제국대학이 있었고, 해방 후에 서울대학교 본부와 문리대, 법대 등이 위치했다가 관악산으로 옮겨 갔다.

옛날 반촌이 있었던 종로구 명륜동, 연지동의 거리. 하천(흥동천) 주변의 충적지를 다듬은 지형으로 평탄하고 고도가 낮다(왼쪽). 여기서 조금 더 앞(북)쪽으로 진행하면 낮은 구릉들이 전개되고, 거기에 양지바른 마을이 형성되어 있다. 일제 강점기와 6 · 25전쟁 후에 건축된 작은 평수의 가옥들이 현대에도 좁은 골목 속에 붙어서 오래된 마을 경관을 유지하고 있다(오른쪽). 그러나 재개발되면서 그런 분위기는 많이 소멸되었다.

성균관의 우백호는 창덕궁—종묘 라인을 연결하는 낮은 구릉열이고, 이씨조선 시대 가장 중요한 지맥이 되었다. 왜냐하면 임진왜란 시 경복궁이 불에 타고 난 후에는 '창덕궁'이 약 400여 년 동안 이씨조선 왕조의 정전으로서 역할을 하였기 때문이다. 그리고 종묘는 건국 초기부터 현재까지도 이씨조선의 조상을 모신 국가의 근본이 되는 장소 중의 하나로, 우측의 사직단과 대비된다.

이 창덕궁—종묘 라인을 성균관의 우백호로 하고, 좌청룡은 명륜동 성곽의 지맥이 그 역할을 하는데, 한성부는 좌청룡의 맥이 확실하지 못하다. 그래서 이씨조선 역대 왕의 자손인 왕자들이 공주들보다는 성장이 약하여, 왕의 승계가 여러 번 끊어지는 약점을 보이기도 했다는 해석을 하는 풍수가들도 있다.

그런데 성균관은 수선지지(首善之地, 가장 바르고 착한 땅)로 가장 바르고 젊은 혁신적인 세력이 위치하는 장소라고 할 수 있다. 즉 가장 젊고 명석하며, 건장하여 연구에서뿐만 아니라 전투에서도 가장 용맹을 떨치는 젊은이들이 모여서 연구하고 공부하는 장소라고 할 수 있다. 그래서 조선 500년을 이끌어 오는 사람들이 공부하고, 수신하는 장소라고 할 수 있는 명당지지(明堂之地)라고 하겠다. 실제로 이씨조선의 500년간은 단일 왕조로서는 세계에서 가장 오래 계속된 봉건국가였다. 이는 성균관과 같은 인재 양성과 등용이 이루어진 것과 착한 백성들의 인내 덕분이라고 하겠다. 앞에 보이는 운동장은 비천당 마당이다. 과거장으로 이용되었다.

성균관, 창덕궁, 서울대병원, 정독도서관(경기고 자리 : 근대 중등교육의 발상지) 부근의 북촌 지도

4. 성균관에서의 공부와
열성이의 과거 시험 장원급제

성균관에서의 질풍 같은 공부와 얼음 같은 정신 수련

성균관은 공자를 위시한 여러 성현과 석학들을 모시고 제례를 행하면서, 그분들의 가르침을 배우고 따르며, 가장 선한 것을 늘 생각하고, 정신적 육체적 양면의 성장을 도모하는 장소이다. 또한 미완의 인재들의 인격을 완성하게 하고 아직은 미흡한 처신 규율을 잘 맞게 기르고 닦는 곳이라고도 할 수 있다. 조선의 통치자들은 새 나라의 신질서와 통치의 기본이념을 실행할 인재가 많이 필요하였다. 처음에는 고급 관리나 권문세가의 자제들을 관리로 등용하였고, 또한 그들의 추천으로 필요한 인재를 선발하여 관리로 등용하는 경우가 많았다.

그러나 과거제도가 본격 도입되면서 시험으로 인재를 대부분 등용하게 되었다. 그래서 훌륭한 인재들을 교육·육성하여 등용하게 하는 최고 교

성균관 입구의 대학 표지석. 1398년이 새겨진 것은 이 대학이 성균관의 이념을 이어받았다는 것을 나타낸다. 그러나 본래 성균관은 국립대학이라서 그 기능만을 보면, 서울대학교가 성균관을 이어받았다는 논리가 더 설득력이 있다. 그러나 나라에서 필요한 인재를 양성하는 기관이 성균관이기도 하므로, 이 대학의 이념과도 유사할 수는 있다.

성균관은 커다란 여러 동의 건물에 검은색의 기와가 덮여서 권위를 더하는 듯했다. 그중에서도 가장 중요하고 주된 건물은 공자를 위시해서 여러 성현의 위패를 모시고, 제례를 행하는 대성전이다. 성현들의 귀한 가르침과 나라를 위하고, 백성을 다스리는 훌륭한 사상과 예의를 바로잡는 과정, 즉 경세 치국의 원리와 백성들을 편히 살게 할 수 있는 이론 및 모든 백성이 국법에 순응하며 살아가는 가부장적 질서를 배우고, 익히고, 실행하게 하는 이념적 장소로 성균관에서 가장 전면에 세워져 있고, 가장 중요한 자리를 차지하고 있다.

본래 '성균관의 성균(成均)'은 성인재지미취(成人材之未就) 균풍속지부재(均風俗之不齊)라는 말에서 앞글자 두 자를 따온 것이다. '인재로서는 아직 성취하지 못한 것을 이루게 하고, 풍속으로서 아직 가지런하지 못한 것을 고르게 한다.'라는 뜻이 있다. 즉 훌륭한 인재를 기르고, 선한 풍속을 널리 진작시키려는 기관으로 교육을 통해서 그를 이루려는 국립 최고 교육 기관이다.

육 기관으로 성균관이 처음부터 요구되어 바로 설립하고 운영하게 되었다. 그리고 그 전통은 이씨조선을 지탱하는 기둥이 되었다.

열성이는 뒤의 명륜당 쪽으로 출입하는 동쪽 출입문을 통해서 들어가서 조심스럽게 정록청이란 곳으로 갔다. 거기가 성균관의 행정과 관리를

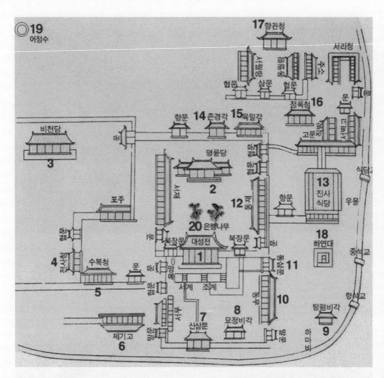

성균관 내부 기관 배치도. 성균관의 대성전은 옛 성현들의 위패를 모시고 제례를 올리던 장소로 유교의 근본원리를 실현하는 장소였다. 그 대성전이 주이고 전면에 위치한다. 그다음 중요한 건물 은 실제 교육이 행해지는 명륜당이고, 그 외는 여러 부속되는 건물과 기관들이 주변에 입지하고 있다. 운영상의 크고 작은 일을 집행하는 건물들이 주변에 위치하고 있다.

출처 : 성균관 홈페이지. http://www.skkok.com

맡는 기관이기 때문이다. 열성이는 거기에 있는 관리에게 인사하고 스승님이 말씀하신 "정일정 직강교수님을 뵈려고 한다."라고 말씀드렸다. 관리는 열성이를 데리고 서재 쪽의 한 방 앞에 가서 기침을 두어 번 하고는 "정훈장님, 손님이 왔습니다." 하고 말하니, 안에서 문이 열리면서 근엄

147 페이지에 연결

공자를 위시한 성현들의 위패를 모신 대성전. 커다란 팔작지붕이다. 대성전에서의 작헌례(왕이 직접 제례에 참여하여 제를 올리던 행사)를 올리는 광경(2019년 공자탄생 2567년 기념 작헌례 사진)

대성전 앞에는 신삼문이 있는데, 신성시되는 문으로 신들이 지난다고 상징화한 문이어서 사람은 이 문을 지날 수 없다.

대성전 : 성균관에서 가장 중요한 건물이고 전면에 위치한다. 대성전은 신성시되어서 일반인들이 평소에는 접근하기 어렵다.

한 선비의 용모를 하신 정일정 직강 교수님이 나왔다.

정교수님은 근엄한 용모에 매우 깔끔하신 자세를 가지고 계셨다. 열성이는 얼른 고개를 숙여서 나오는 선비께 인사를 드리면서 "연산의 최열성이라 하옵니다. 계룡산의 성지도사님께서 서찰을 주셨기에 전하려고 왔습니다." 하고 품에서 서찰을 꺼내서 정일정 훈장님께 올렸다.

정일정 훈장님은 열성이가 전하는 서찰을 펴서 천천히 읽어보시더니 "당장 오늘부터 저 동재의 빈방에서 묵도록 하여라." 하고 말씀하시면서 관리에게 안내해 주라고 하였다. 열성이는 그 안내인의 뒤를 따라서 명륜당 앞에 있는 동재의 빈방 중 하나에 들어가서 짐을 내려놓았다.

성균관의 배움터인 명륜당. 기본은 맞배지붕이고 교수들이 강의하는 강당이며, 양쪽 측면에 협실이 있다. 거기서 교수들이 강의 준비를 하거나 강의 후 휴식하기도 하는데, 팔작지붕 형태를 갖추고 있다. 명륜당 건물의 앞에는 일정한 크기로 자르고 다듬은 바위를 쌓은 널찍한 월대(月臺)라는 단이 성균관 강당 앞에 만들어져 있다. 왕이 강의를 하거나, 성균관 학생들이 앉아서 토론이나 그룹 활동을 하기도 하는 등 단체 활동하는 공간이기도 하다. 또한 시험을 치르기도 한다. 그러나 중요한 것은 '성균관 학생들은 매일 이 월대 앞에서 서서 예를 표하고 그날의 학업을 시작한다.'는 사실이다.

성균관의 여러 제도 중에서 지방의 인재를 발굴하는 제도가 있다. 말하자면 지방의 향교나, 서원이나, 한양의 4학 등지에서 공부하는 뛰어난 사람들을 발굴하여 성균관에 같이 입사시켜서 공부하게 하는 오늘날의 국비 장학제도와 비슷한 제도가 있었는데, 열성이는 그 제도의 덕을 보게된 것이다.

따라서 그 좋은 제도 덕분에 제대로 공부하면서 과거 시험에 빠르게 급

명륜당의 좌측(동편)에 있는 동재 건물. 명륜당에서 공부하는 학생들의 기숙사 중 하나이다. 열성이가 생활하던 성균관의 동재는 맞배지붕이고 아궁이가 밖에 설치되어 있으며, 거기에서 나무를 때서 난방한다. 학생들은 2, 3명씩 배정되어 각자의 방에서 기거하고, 공부도 방에서 한다.

제할 수 있는 기회를 얻게 된 것이다. 스승님의 은덕이 이곳의 정일정 직강교수님의 덕과 합해져서 열성이로 하여금 오로지 공부에 집중할 수 있게 기회를 제공해 주신 것이다. 이는 그리 흔하지 않은 기회로 하늘이 도와주시는 일이라 할 수도 있었다.

열성이는 동재의 빈방에서 기거하고, 진사 식당에서 식사하고, 여태 배운 것을 다시 공부하면서 동학에서 실시하는 알성시에 대비, 과거 시험에 응하기로 하였다. 또한 정일정 직강교수님도 거기서 시험에 합격하면 성균관에 진사로 기거할 수 있는 자격과 길이 있다고 하시면서 열성이가 동

세계 최초의 근대 국공립대학인 이탈리아 볼로냐(Bologna)대학. 서기 1088년에 건립했다. 사진은 화학부 건물. 코페르니쿠스(지동설)와 단테(신곡) 등의 유명한 졸업생들을 배출했다. 당시에 이미 세계의 여러 나라가 근대대학 교육의 중요성을 인지하고 있었다. 우리나라 근대교육의 시작과 비교해보자.

학의 과거 시험에 응시하기를 권하셨다.

　열성이는 한 달여 동안, 그동안 공부한 것 중 명심보감과 통감과 대학을 치열하게 복습하면서 공부하고, 성균관 학생들을 뽑기 위해서 동학에서 행해지는 과거 시험에 응시하였다. 그리고 그 시험에 합격하여 열성이는 최진사가 되었고, 그 자격으로 성균관에서 기거하면서 공부를 할 수 있게 되었다. 요즘 말로 하면 성균관의 '국비 장학생'으로 합격한 셈이다.

　그리고 그때부터 정일정 직강 교수님을 비롯한 여러 훌륭한 분들의 강의를 듣고, 학문을 익히며, 뛰어난 학생들과 함께 수업하며 토론에 참여

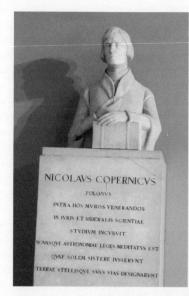

NICOLAVS COPERNICVS

POLONVS

INTRA HOS MVROS VENERANDOS

IN IVRIS ET SIDERALIS SCIENTIAE

STVDIVM INCVBVIT

NOVASQVE ASTRONOMIAE LEGES MEDITATVS EST

QVAE SOLEM SISTERE IVSSERVNT

TERRAE STELLISQVE SVAS VIAS DESIGNARVNT

ALMA MATER STUDIORUM
UNIVERSITÀ DI BOLOGNA

볼로냐대학에 세워진 코페르니쿠스의 흉상. 오른쪽 그림은 볼로냐대학 문장. 코페르니쿠스는 폴란드 출신의 사제이자 학자로 이 대학에 유학했다.

할 수 있게 되었다. 이는 열성이의 생각을 바르고 넓게 해주고, 공부하는 내용의 전문성을 더 깊고 폭넓게 하며, 열성이의 안목과 사고를 치우치지 않고 올바르게 하여 고매한 인격을 갈고닦는 과정이었다.

열성이의 성균관 동재에서의 생활은 정말로 치열한 학문의 수련 과정이었다. 그곳은 전국에서 뛰어나다는 청년들이 모여서 일체의 잡념을 털어내고, 오직 학문 연찬과 심신 수련에 집중하는 장소였다. 밤을 꼬박 새우는 경우도 허다하였다. 그래도 열성이의 실력은 끝에서 세는 편이 더 빨랐다.

성균관 유생 중 상급생(주로 진사 시험에 합격한 사람)들이 거처하던 서재와 은행나무. 열성이는 서재에서는 생활하지 못했고, 처음부터 끝까지 동재에서만 생활했다. 이 은행나무는 보호수로서 유생들의 지조와 품격을 상징하고, 그를 기르는 상징적인 나무이다. 성균관의 별칭을 행단(杏壇) 이라고도 하는데, 이 은행나무와 관련 있다.

공자가 중국에서 제자들에게 강의를 하던 장소에 은행나무를 심어서 '행단(杏壇)'이라고 하였는데, 그런 뜻을 본받기 위해서 성균관에 네 그루의 은행나무를 심었다. 대성전 앞에 두 그루, 명륜당 앞에 두 그루가 있다. 그래서 이 은행나무는 조선 시대의 '선비정신'을 고상하게 다듬는 데 큰 역할과 도움이 되는 나무였다.

이제 갓 들어온 시골 촌놈은 여기서 오랫동안 공부하고 심신을 단련해 온 다른 청년들에 비하면 훨씬 성숙하지 못했고, 세련되지 못하고, 제 딴 에는 열심히 하지만 늘 뒤떨어지는 성적이었다. 그래도 배우는 것을 외워 쓰는 암기는 좀 나은 편이었다. 그러나 해석과 토론에서는 늘 대답이 궁 해지고 얼굴을 붉히는 경우가 많았다.

열성이는 1년 동안 거의 침식을 잊고 공부에 몰두하였고, 다른 사람들 과 토론을 하면서 그들이 쓰는 토론의 기술을 익히게 되었다. 그리고 그

성균관 진사식당 : 성균관 학생들은 여기서 식사를 하며, 특히 아침식사에서는 출석이 점검된다. 원점(圓點, 식당의 출석 점수)이 일정 점수가 넘어야 과거에 응시할 수 있었다.

에 따라서 성적도 많이 올랐다. 하루는 정일정 훈장님이 열성이를 불러서 여러 가지를 물어보셨다.

그래서 열성이는 "이곳 성균관에서 교수님 덕분에 학문 연마 자세가 제대로 자리 잡혀서 마음이 차츰 안정되어 가고 있습니다." 하고 말씀드렸다.

그리고 자기가 어떻게 계룡산의 성지도사님의 제자가 되었는지 등의 사연과 성지도사님이 과거에 급제하기 전엔 고향에 돌아가지 말라고 당부하신 일 등을 찬찬히 말씀드렸다.

정일정 훈장님은 "자네의 실력이 일취월장으로 아주 빨리 발전하고 있어서 내가 적잖게 놀라고 있다. 여기서 학생대표를 맡아서 수업의 진행을 도우면 어떤가?" 하고 물으셨다.

열성이는 성지도사님이 계룡산을 떠날 때 당부하신 "당분간 앞에서 하는 봉사활동을 하지 말고, 학문 연마에만 몰두하라."는 말씀이 생각났다.

그래서 "스승님, 저는 성균관 학생이 된 지 이제 얼마 안 되었고요, 아직은 경험도 적고, 학문이 너무 얕아서 대임을 맡기 어렵습니다. 그러니 그런 명예로운 일은 다른 훌륭한 학생들에게 맡겨주십시오." 하고 무릎을 꿇고 정중하게 말씀드렸다.

그러자 정일정 훈장님은 "너에게는 참 좋은 기회인데 사양하는구나. 하기는 고관대작들의 자제들이 많아서 대표의 일을 하기가 쉽지는 않지……. 그중에는 말썽을 부리는 학생도 적지는 않으니. 이번에는 네 말대로 대표는 사양하고, 무슨 어려움이 있더라도 무조건 참고 학문에 열중하기바란다." 하고 말씀하시면서 열성이의 등을 다독여 주셨다.

열성이는 "스승님의 은혜가 바다와 같습니다. 기대에 어긋나지 않게 열심히 하겠습니다."라고 대답하면서 고개를 숙여서 예를 표하였다. 그리고는 자기 방으로 와서 다시 책을 펴서 공부하기 시작하였다.

열성이는 잠을 줄여가면서 공부를 하기 위하여 여러 가지를 고안했다. 옛날 중국에서 공부한 훌륭한 사람들의 일화 중에서는 형설지공(螢雪之功)[22]이란 말이 제일 유명하다. 또한 사람들이 잠을 쫓기 위하여 송곳으로 발이나 허벅지를 찌르면서 잠을 쫓아내고 공부했다는 이야기를 따라

〈KBS2〉 2010년 드라마 '성균관 스캔들.' 학생들이 서재의 한 방에서 공부하는 장면

서 해봤지만, 별 소용이 없고 상처만 남았다. 그래서 생각에 생각을 거듭하다가 큰 나무를 깎아서 '나무 공'을 만들었다.

나무공이란 나무를 공처럼 둥글게 깎아서 베개로 삼은 것이다. 머리를 공 위에 올려놓고 잠을 자려고 하면, 그냥 공이 구르면서 머리가 방바닥에 '쾅'하고 떨어졌다. 그러면 머리가 방바닥에 사정없이 헤딩하듯 세게 부딪치게 되고, 그러면 그 충격으로 잠이 번쩍 깼다. 잠이 깬 열성이는 다시 일어나서 마음을 가다듬어서 공부를 할 수 있었다. 열성이는 하루에 4

....

22) 옛날 중국에서 반딧불이를 잡아서 그 불을 이용해서 공부하고, 눈을 뭉쳐서 그 밝음으로 공부해서 성공했다는 고사에서 나온 말

시간만 잠을 자고, 나머지는 어떻게든 책을 잡고 씨름을 하였다.

겨울에는 눈을 뭉쳐서 등에 넣기도 하고, 봄부터 여름과 가을에는 샘물을 떠서 찬물로 세수를 하였는데, 처음에는 효과가 있었다. 그러나 나중에는 그것도 소용이 없어졌고, 찬물에 세수하고 나서도 바로 졸 때도 많이 있었다. 그래서 공 모양으로 동그랗게 깎은 베개를 고안한 것이고, 그 효과는 매우 좋았다.

열성이에게는 첫째, 잠과의 전쟁이 제일 어려운 일이었고, 다음은 친구들과 함께하는 놀이와 모임 등에서 빠져나오는 것이 둘째로 어려운 일이었다. 친구들이 "너만 공부하려고 하면 안 된다." 하고, 어떤 때는 여러 학생이 우르르 달려들어 열성이를 둘러메고 끌고 나가곤 하였다. 그러면 조금 친구들과 어울리다가 요령껏 빠져나오곤 했다. 그러나 마음은 늘 무거웠다. 공부를 함께 하는 학생들과 같이하지 못하는 심리적인 괴로움이 적지 않았다. 셋째는 먹기 대회가 많았는데, 주로 떡을 만들거나, 소고기나 돼지고기 또는 닭고기를 삶거나 구워서 먹는 모임으로, 가끔 영양을 보충하는 모임이다.

이런 모임이 필요하긴 하지만, 같이 나가면 술도 같이 마셔야 하고, 함께 나가서 마을과 장터에 내려가서 모임 준비를 해야 하는 것도 힘이 들었다. 싸고 좋은 물건을 사서 맛있게 준비해야 하기 때문이다. 그러나 그보다 모임이 끝나고 저녁에는 기생집에 가서 노는 것이 다반사였으므로, 하루가 그냥 날아가 버리기 때문에 문제였고, 비용도 또한 상당히 큰 금액이라서 감당하기가 어려워서 빠지는 경우가 대부분이었다. 그러나 매번 빠질 수도 없어서 이 먹기 놀이와 뒤풀이와도 일종의 전쟁이었다.

그리고 마지막으로 자기와의 전쟁은 늘 고향 부모님에 대한 걱정, 그리고 여우가 둔갑한 정옥분에 대한 걱정이 머리에서 떠나지 않아서 학업에도 지장이 상당하였다. 그러나 열성이는 머리를 흔들고 저어서 잡념을 털어내고 학업에 열중하였다.

열성이는 자기 허벅지를 꼬집어가면서 정신 통일을 위해 자기 수양을 실현하려고 백방으로 노력하였고, 그래도 잡념이 떠나지 않으면 계룡산의 성지도사님에게서 배운 무술과 호신술을 연마하기도 하고, 활쏘기와 목검 훈련도 남모르게 하며 정신을 통일하여 학문도 익히고 무술도 연마하는 양득법을 잘 써서 해결하였다.

그러나 아무리 국비 장학생이라고 해도 문제가 되는 것은 일반 의복과 서적 구입, 학생 비용 갹출 시에 필요로 하는 용돈도 상당한 금액이 필요하였다. 그러나 열성이는 한양의 운종가에서 노잣돈 절반을 잃어버렸으므로 용돈이 거의 없어졌기 때문에 가난한 선비의 모습이 절어 있었다. 그래서 남모르게 필요한 비용을 충당하는 작업이 필요했다.

그 용돈을 버는 아르바이트 일로 열성이는 책을 베껴서 파는 부업을 제일 많이 했고, 또한 남의 족보를 베껴 주고 새로 만들어 주는 작업, 배오개시장에서 문서를 작성해 주고 해석해 주는 작업, 관혼상제에 소용되는 문서 등을 작성해 주고 용돈을 벌어서 써 왔다. 그중에서 가장 많은 돈을

한성부의 막다른 골목의 예. 북촌의 인사동 막다른 골목이다. 가장 안쪽에 신분이 높은 사람의 주택이 있는 경우가 많았다.

후하게 받는 경우는 실제는 없는 족보를 만들어 주는 작업으로, 상당히 큰돈을 대가로 받긴 했었다. 그러나 없는 족보를 만들어 주는 일은 사실 걸리면 진짜 족보를 가진 문중으로부터 망신을 당할 수 있는 일이기도 하였다.

그러나 가짜 족보는 돈 많은 서자, 장사꾼, 도망 나온 상놈 신분의 남자나 돈 많은 기생 등의 신분을 세탁할 수 있게 해주므로, 족보 사업은 사실 음지의 사업이지만 당시에는 거금을 만질 수도 있는 사업이었다. 그러나 열성이는 필요한 용돈만을 받았을 뿐이고, 그 이상은 욕심을 내지 않았다. 마음이 흐려져서 본분인 학업을 소홀히 할 수 있기 때문에 최소한의

모형으로 만든 양반들의 기생놀이 풍경(국립중앙도서관 소장)

비용만을 받았다. 그래서 그는 늘 가난한 유생으로 낙인이 찍혀서 보통은 예외로 비용이 면제되는 경우가 많았지만, 그것도 열성이에게는 드러내지 못하는 고통이었다.

그런데 그런 용돈을 버는 작업을 구해다 주는 사람은 뜻밖에도 열성이의 노자를 원각사 골목에서 네다바이(남을 속여 금품을 빼앗는 짓) 하였던 두 아이였다. 그들은 반촌에 사는 아이들이었는데, 성균관에 심부름와서 우연히 열성이를 만났고, 자기들이 그때 잘못했다고 용서를 빌었다. 열성이는 그들 갑돌이와 을똥이를 흔쾌히 용서하여 주었다.

그들은 반촌은 물론 육의전이나 배오개시장까지 다니면서 여러 가지

성균관의 도서관인 존경각(尊經閣). 열성이는 이 서고에 보관 중인 책을 아주 잘 이용하여 공부하였다. 그리고 도서를 베껴서 파는 필사(筆寫) 작업 아르바이트도 이 서고에 보관 중인 책들을 이용하는 경우가 많았다. 존경각의 서적은 대체로 왕이 하사한 도서들이 많았고, 중국에 조공사로 갔던 사신들이 사 온 좋은 서책들도 대부분 이 서고에 수납되어 있었다.

심부름을 하며 열성이의 일거리를 얻어다 주었다. 그래서 열성이는 돈이 필요하면 풍족하진 못해도 작업을 해서 필요한 용돈을 어렵지 않게 만들어 쓸 수 있었다.

그러니 사람의 운수는 돌고 도는 것이고, 상부상조해야 한다는 것을 알게 해주는 것이 세상살이이다. 또한 '사람 팔자는 정말 알 수 없는 것'이고, '원수는 외나무다리에서 꼭 만나는 것'이 아이러니하게도 잘 맞고 정상적인 것 같다. 그러니 늘 다른 사람의 실수나 틀린 입장을 너무 몰아세

육일각. 성균관 학생들이 기본이 되는 활쏘기를 연마할 수 있게 활과 화살을 보관, 저장하는 건물
이다. 출처 : 성균관 홈페이지

우면 안 되는 것이다.

그렇게 열성이는 본분을 지키고, 늘 스스로를 담금질하는 빈틈없는 생활을 하면서 명륜당 아래에 떨어진 노란 은행잎을 두 번 쓸었고, 이후에 추운 겨울이 지나서 아주 작은 새 은행잎이 돋아나는 새봄을 맞이했다. 3년이 흘러간 것인데, 이 새봄에 기다리고 기다리며 준비해 왔던, 그리고 고대하던 임금님 앞에서 시험을 치르는 알성시가 열린다고 알려졌다.

드디어 그날이 왔고, 알성시 응시자는 먼저 육일각에서 활과 화살을 받고 검술과 활쏘기로 체력과 무예 단련의 정도를 시험·점검받아야 했다. 거기에 합격한 사람들은 시험관의 지시에 따라서 비천당의 마당에 줄을 맞춰서 앉게 하였다. 시험장이 정리되자 임금님이 시제를 시험관에게 건 넸다.

　과거 시험에서도 엉터리 대리 시험이 없진 않았으나, 알성시에서는 감히 부정한 방법을 사용할 수 없도록 엄하고 철저한 시험 관리가 이루 어졌다.[23]

　실록, 즉 《성종실록》 219권에 의하면, "… (전략) 다시 권경희가 아뢰기를, 금년 장 옥(場屋, 과거를 치는 시험장)은 몹시 외람(猥濫, 분에 넘침)하여 생원(生員) 최세 보(崔世寶)가 장옥(場屋)에 모람(冒濫, 버릇없이 함부로 행동함) 되게 들어온 것을 유생(儒生) 등이 보고 크게 외치기를 '생원(生員)으로 중시(重試, 다른 사람 대신 이중으로 시험을 치름)하는 자가 있다.'고 소리쳐서, 시관(試官)이 사관소(四館所, 과거를 시행하던 임시 직소, 즉 임시 시험장)에 그자를 붙들어다 놓았는데 도망했 습니다. 청컨대 끝까지 추격하여 붙잡아서 징계토록 하소서 하니……"라는 구절

....

23) 《성종실록》219권, 성종 19년 8월 17일 무신 2번째, 기사 1488년. 성균관 유생의 사치와 최세보로 과 거에 대술(代述, 대리답안 작성)을 시킨 신정의 아들에 대해 논의. (전략) 정언(正言) 이자건(李自健)이 아뢰기를 "사람들의 말로는, 신정(申瀞)의 아들이 최세보(崔世寶)에게 청하여 함께 장옥 안에 들어가 최 세보로 하여금 대술(남을 대신하여 답안을 작성함)하게 하려고 했다 하니, 이 말이 사실이라면 최세보 가 도망했다 하더라도 신정의 아들을 추문(推問, 추궁하여 물음)하면, 가히 실정을 알게 될 것입니다." 하자, 권경희가 "신(臣)이 듣건대, 최세보가 일찍이 신정(申瀞)의 집 계집종과 간통한 바 있는데 신정의 아들이 최세보에게 말하기를, '네가 만약 나 대신 시험을 치러 내가 시험(監試)에 합격하게 해준다면 마 땅히 계집종을 너에게 주겠다.'라고 하였다니, 이 말이 사실이라면 신정의 아들 죄 또한 큽니다. 신정의 아들이 나라의 은혜를 입어 벼슬길에 통해 있으니 의당 감격하여 자신이 스스로 입신출세(立身出世)를 하여야 할 것인데, 이와 같이 잘못을 저지르니 청컨대 국문하게 하소서." 하매, 임금이 말하기를 "가하 다." 하고 조치를 시행하게 하였다.

'비천당(丕闡堂)'과 과거 시험장의 한 곳인 그 앞의 마당. 비천당은 주자(朱子)의 '비천대유 억사흥정(丕闡大猷 抑邪興正, 큰 도리를 널리 밝혀 사악함을 누르고 올바름을 흥하게 하는 집의 뜻)'에서 가져온 명칭이고, 그 마당은 과거 시험장으로 자주 이용되었다(이곳에서 알성시가 행해졌음). 그 외에 명륜당 월대와 마당, 창경궁 등에서도 과거 시험이 행해졌다.

사진에서 비천당 뒤에 보이는 건물은 성균관대학교의 국제관, 경영관과 법학관이다. 또한 이 좌측의 능선은 성균관에서 보면 우백호에 해당하는 줄기이고, 중간에 창덕궁이, 끝에는 종묘가 위치하여 풍수지리상으로 보면 성균관 자리는 아주 훌륭한 명당자리라 하겠다.

조선 시대에는 이 지맥의 줄기가 아주 중요한 정맥의 기능을 했다. 왜냐하면 임진왜란 때 경복궁이 불타고 나서 왕들은 창덕궁에서 와서 오랫동안 기거했고 정사도 창덕궁에서 돌보았기 때문이다. 사실 경복궁은 별로 정전의 역할을 하지 못했었고, 창덕궁이 정전으로서의 중요한 역할을 오랫동안(약 400년간) 했었다.

위의 실록을 참작하면 당시의 권문세가 자손들은 부정한 방법으로 과거를 치른 일이 있음을 짐작할 수 있다. 그러나 알성시에는 왕이 직접 시험장에 나와 과거 시험을 참관하고 있으므로, 부정행위가 엄격히 차단되었을 것으로 판단된다. 사실 알성시는 가장 권위가 있는 과거 시험이다.

이 나온다.

시험장에 장옥(시험관리를 위한 임시 가건물)과 사관소(과거를 시행하던 기관의 관리들이 시험장에 모여서 시험을 시행하던 임시로 설치된 건물)를 설치하여 정리된 후, 응시자들은 지정된 좌석에 앉아서 예를 표하고 앉아서 대기하게 된다. 시험관이 왕으로부터 수령한 시제(시험 문제)에 예를 표한 후에 시험장에 걸면, 그때부터 그 시제에 대한 답을 그 자리에 앉아서 작성하여 제출하게 하는 방식이 알성시라는 과거 시험이다. 시제를 예측할 수 없고, 시험관리가 철저하게 이루어지는 과거 시험이다.

열성이의 과거 시험과 장원급제

알성시 과거 시험은 시험장 분위기가 무겁고, 불편하여 실력 발휘가 조금은 어려웠지만, 임금이 필요한 인재를 현장에서 즉시 발굴하여 쓸 수 있다는 최고의 장점을 가진 가장 권위 있는 과거 시험이었다.

열성이도 이 알성시를 대비해서 언제나 공부를 해왔으므로 사실 속으로 많이 기다린 시험이었다.

드디어 알성시의 시험일이 다가왔다. 열성이가 그토록 오래 준비하고 꿈꾸어온 임금님 앞에서의 과거 시험인 것이다.

열성이는 그날 일찍 일어나서 성균관 뒤의 매봉산 봉우리까지 달려갔다가 내려오면서 그동안 수련한 여러 가지를 연습도 해보고 예상 문답도 작성해 보았다. 그리고 천천히 세수하고 식당에서 다른 유생들과 마주 앉아서 아침 식사를 하였다.

아침밥은 아주 천천히 먹으면서 밥알을 씹고 또 씹고 하였고, 또 한편으로는 다른 유생들의 이야기를 들으면서 얼굴에 웃음을 띠고, 여러 사람의 이야기에 웃음으로 대답해 주었다. 그리고 바로 돌아와서 시험에 쓸 도구들을 다시 확인하여 챙겨놓고는 천천히 육일각으로 갔다. 거기서 오늘 무술 시험에 쓸 활과 화살을 받았다.

이어서 시험관들과 교수들은 오늘 시험을 치를 대상자들을 명륜당 월대 앞의 마당에 모이게 하고는 과거 시험 과정을 설명하셨고, 그에 따라서 시험을 보조하는 관리들이 사관소에서 준비하고 대상자들을 세 그룹으로 나누어서, 우선 무술을 시험하였다. 오늘의 무술 시험은 주로 활쏘기였다. 열성이는 그동안 열심히 새벽에 연습했으므로, 좋은 성적으로 무술 시험을 통과하였다.

이어서 밖에서 한동안 대기하고 있다가 "장옥으로 들어가라."고 하는 시험관들의 말에 따라서 비천당의 마당 안으로 들어갔다. 시험장에는 오늘 응시자들이 앉을 자리가 준비·배치되어 있었고, 그 자리를 찾아서 앉은 후에 지필묵(종이와 붓과 먹)을 준비하여 펴놓고, 조용히 앉아서 대기하고 있었다.

이어서 장내가 한껏 더 조용해지면서 왕이 행차하셨고, 응시자들은 모두 일어나서 임금님께 절을 하고 자리에 앉았다. 이어서 시험관이 왕으로부터 시제를 받아서 걸었다. 물론 과거 시험의 문제는 보통은 왕이 과거 시험의 중요성을 인식해서 최종적으로 시험 문제의 출제에 관여는 하지만, 오늘처럼 직접 왕이 행차해서 시험 문제를 출제하고, 시험 과정과 결과를 모두 살피는 경우가 많지는 않았다. 유생들은 시험을 시작하기 전에 왕에게 다시 예를 올리고, 지시에 따라 앉아서 시험을 치르기 시작하였다.

열성이는 성균관 수업 과정에서 토론하고 배워 온 여러 문제 중의 하나의 전개 방식을 생각하면서 확실하게 문제를 파악하였다. 그래서 두 개의 문제를 택하여 원전을 해석하고, 토론의 문제를 제기하고, 자기의 주장을 쓰고, 나라를 위해서 적용할 자세와 주의할 점 등을 그동안 갈고 닦은 명필로 작성하여서 제출하였다.

시험 문제의 답안을 작성하는 데 걸린 시간은 전체 시간의 약 3분의 2 정도의 시간인 한식경이 좀 더 걸렸다. 열성이가 답안을 제출하고 나오자 그제야 다른 사람들도 따라서 여러 명이 답안을 제출하였다. 그러나 상당수의 사람은 그냥 그 자리에 앉아서 답안을 작성하였고, 멍하니 먼 하늘을 바라보거나 땅이 꺼지게 고개를 숙이고 종이만 들여다보는 이들도 없지는 않았다.

얼마 지나자 시험관들이 답안을 수거하기 시작하였다. 시험이 드디어 끝이 난 것이다. 그리고 여기저기 모여앉아서 왕이 하사하신 약과나 과일, 떡, 식혜를 먹고 마시면서 결과를 기다리고 있었다.

시험관들은 사관소 안에 모여서 시험 문제의 답안을 서로 비교하고 교환해 가면서 답안을 평가하였는데, 최종 20여 명의 답안을 고르는 데까지는 시간이 별로 걸리지 않았고 빠르게 진행되었다.

그러나 선별된 20여 명의 답안 평가는 정말로 시간이 좀 걸렸다. 서로 돌려가면서 확인하고, 자기의 의견을 답안지 끝에 더하여 첨부하여 쓰고 하다 보니 상당한 시간이 흘렀다. 오후의 해가 서쪽으로 한두 발 갔을 때에서야 비로소 확정이 난 모양이다.

그 답안을 왕이 다시 확인하고 나서야 장원 1명, 차상위 우등 3명이 선정되었고, 그들의 이름과 답안이 마지막으로 게시되었다. 그리고 좀 지나서 성균관 대사성이 영의정과 상의하여서 차례로 저들의 이름을 큰 소리로 호명하여 왕 앞에 읍하고 서게 하였다.

거기에 맨 앞에 서 있는 사람은 다름 아닌 최열성이었고, 그 뒤에 서 있는 세 명 중 한 명은 한양의 중학에서 온 선비로 성균관에 온 지 3년 차였고, 두 번째는 전라도 전주 출신으로 성균관에 들어온 지 2년이 경과된 선비였으며, 마지막은 평안도에서 성균관에 온 나이가 좀 들어 보이는 4년 차 선비였다.

왕은 이들에게 자리에 앉게 하고 이미 차려 놓은 음식상을 내렸다. 왕이 하사하는 음식과 술이었다. 왕이 직접 술을 술잔에 따라서 이들에게 하사하였다. 그리고 궁중의 악대가 아악을 연주하고 흥을 북돋아 주었다.

여러 대신도 자리에 앉아서 각기 자기의 상을 받아서 음식을 먹고 술잔을 기울이고 하면서 가무를 즐겼고, 밝고 즐거운 기운이 성균관의 비천당 앞에서 명륜당 앞까지 흐르고, 반촌까지도 그 서기가 어린 기운이 흘러넘쳤다.

참으로 경사스러운 날이라고 왕은 큰 소리로 웃으면서 얼굴을 활짝 펴고 즐거워하였다. 그리고 다시 장원급제한 최열성을 불러서 또 술잔을 권하고, 어깨를 두드리면서 그 자리에서 충청도와 전라도의 암행어사를 명하였다.

열성이는 행사에 따라서 비단으로 된 왕이 하사한 제복을 입었다. 우선 탕건을 쓰고 그 위에 다시 관모를 쓰고 나니 아주 훤칠한 대장부로 변신하였다. 관모에는 왕이 하사한 어사화를 꽂았다. 그리고 열성이는 늠름한 자세로 왕 앞에 꿇어앉아서 어사화가 땅에 닿을 만큼 고개를 숙이고 머리를 조아리면서 절하고 나서 어명을 받았다.

이어서 예조는 과거 급제자의 거리 행진을 수행하는 행렬을 만들어서 다음날 바로 거리를 순행(차례로 돎)하게 하였다.

다음날 열성이는 말 타고 반촌을 지나서 흥인문 앞까지 왔다가 배오개를 지나서 종묘에 가서 술잔을 올리고 종루에 가자, 대기하던 인원들이 종루에 걸린 종과 북을 쳐서 나라의 경사를 널리 장안에 알렸다.

그리고 세종로의 6조 거리를 돌아서 사직단까지 가는 행렬의 거리 행진을 알리면서 지나는 사람들과 거리의 사람들에게 걸출한 인재가 태어났음을 충분히 알렸다. 그런데 그 행렬에서 큰 소리로, "물렀거라!", "게 섰거라!" 하고 외치면서 길을 터주는 청년들은 바로 열성이의 용서를 받은 후에 친하게 된 갑돌이와 을똥이었다. 그때부터 두 사람은 열성이를 수행하며, 힘든 일을 도맡아서 처리하였다.

열성이는 다시 말을 타고 천천히 종루 앞을 지나서 어두워지기 전에 반촌을 거쳐서 성균관에 돌아왔다. 성균관에서는 이틀째도 성대한 잔치가 베풀어져서 그간의 모든 학생과 관리들의 노고를 위로하였다.

열성이는 바로 다음 날인 3일째에 왕명을 받고 충청과 전라도의 민정을 몰래 살피고 잘못을 시정하러 떠나게 되어 있었다.

5. 열성이의 금의환향(錦衣還鄉)

열성이는 다음날 정일정 직강교수님을 뵙고 감사의 큰절을 올리고, 그 동안 잘 가르쳐 주시고 도와 주신 덕에 급제를 했음을 말하고 큰절을 하였다.

정일정 스승님은 열성이에게 "참으로 오래 참으며 학문에 진력하여서 과거에 급제하게 되었다."고 말씀하시고, "큰 명예이고 가문의 영광"이라고 축하의 말씀을 하셨다.

열성이는 다녀와서 다시 뵙겠다고 말씀드리고 나서 출발 준비를 하였다.

열성이는 출세하지 못한 하류 선비들이나 서민들이 보통 입는 무명옷에 두루마기를 입고, 갓을 쓰고 짚신을 신었다. 그리고 칼이 들어있는 칼집 겸 지팡이를 들고 천천히 걸어서 이태원에서 수행하는 부원과 서리, 역졸들과 함께 만났다. 그리고 일시를 정하여 계룡산 아래의 개태사 입구

남태령 옛길. 110m의 낮은 고도로 우면산의 편마암과 관악산의 화강암이 접하는 부분이 침식으로 낮아져서 발달한 고개이다. 여기서 사당천이 시작되며 한강으로 유입되는 부분에 '반포'라는 나루와 하중도가 발달해 있다. 즉 동작진, 반포 나루, 서릿개 나루가 이 하천을 매개로 발달하였다.

에서 만나기로 약속하고 인원을 나누어서 출발하였다.

그리고 그중에 3명만이 열성이와 동행하고, 거기에 갑돌이와 을똥이 이외의 나머지 인원들은 세 그룹으로 갈라져서, 서로 연락을 취하면서 호남 가도를 따라서 남쪽으로 가게 하였다.

열성이 일행은 이태원을 떠나서 동재기 나루(동작진, 銅雀津)에서 나룻배를 타고 건넜다. 그리고 과천 쪽에 있는 남태령[24]이 있는 관악산과 우면산 줄기를 바라보면서 열성이는 한양으로 올라오던 때를 회상하였다.

동재기 나루 부근의 옛 반포 나루터. 부근에는 고속버스 터미널이 있다. 교통로가 교차하고 고속버스와 지하철이 연계되어서 지하, 지상, 공중고가도로가 통과하고 있다. 본래는 조그만 포구로 부근은 한강 물에 잠기는 별로 쓸모없는 강가의 모래사장이었고, 뽕나무밭, 호박밭, 채소밭이었던 곳이다. 그래서 집을 짓기에는 부적합한 저습지였다. 그러나 현대 기술로 인공으로 펌프 시설을 갖추고, 커다란 파일을 박고 그 위에 아파트를 건설하여서 모래사장에 누각(사상누각, 沙上樓閣)을 지었으나, 현대적인 특수공법은 그 누각을 튼튼하게 지을 수 있으므로, 오히려 더 좋은 고급주택 지구를 만들어냈다.[25]

    그때의 어렵고 고단했던 신세가 눈앞을 번개처럼 스치면서 지나갔다. 그래도 3년 만에 성공적으로 한양 생활과 성균관 생활에 잘 적응하여 과거에 급제하였다. 그래서 암행어사로 제수(왕이 직접 관리를 임명함)되

---

24) 서울과 경기도의 경계에 있는 고개. 관악산과 우면산이 접하는 부분에 발달한 말의 안장 모양처럼 생긴 지형에 발달한 고개로 높이 110m의 낮은 부분으로 길이 잘 발달되어 있음.

25) 모래사장에 주택을 건축하는 공법은 한국에서 주로 발달되었고, 중동으로 수출되어서 사상누각 건축법이 오히려 장점이 되고 보편화되었다. 땅 깊이 철제 H빔 파일을 박고 고층 건물을 건축한다.

어, 그리던 부모 형제들과 스승님을 만나러 내려가고 있는 자신이 그래도 대견하게 생각되었고, 그래서 말을 좀 빨리 걷게 하였다.

강을 건너고 고개를 넘고 하면서 걸음을 재촉하여 남쪽으로, 남쪽으로 걸어서 4일 만에 금강의 장기대 나루에 도착하여서 하루를 묵기로 하고 올라갈 때 묵었던 주막에서 방을 정하고 묵으면서 공산성을 그윽이 바라보았다.

이제 내일이면 계룡산 아래에 도착하고 꿈에도 그리던 스승님인 계룡산의 성지도사님을 만나고, 모레쯤에는 부모님을 뵐 수 있을 것으로 생각하면서 밤잠도 설쳤다.

장기대 나루의 객주에서 잠을 자고 새벽에 일찍 일어나서 아침을 간단히 먹고는 서둘러서 나룻배를 타고 금강을 건너서 논산 방향으로 걸음을 재촉하여 가다가 약간 방향을 틀어서 청벽산 쪽을 향하여 걸어갔다.

이어서 공암을 거쳐서 논산 방향의 길을 빠르게 달렸다. 그리고 온천리에서 좀 쉬면서 발을 보니, 말을 타고 왔지만 그래도 발바닥이 부풀어 올랐고 통증이 있어서 발을 찬물에 한참 동안 담그고 손으로 주물렀다. 그리고는 여기서부터는 좀 다른 길이기는 하지만, 그래도 계룡산의 성지도사님을 만날 수 있는 가까운 산길이었다.

벌써 서쪽의 계룡산 줄기 위로 해가 걸리고, 여기저기에 큰 나무가 그림자를 길게 드리우는 걸로 볼 때 저녁때가 가까워지고 있었다. 이에 열성이는 말에 채찍을 더해서 더 빨리 달리게 하였고, 자기도 땀을 흘리면서 계룡산 숫용추 아래의 스승님이 계시는 집에 어둑어둑해질 때 겨우 도착하였다.

대문 앞에는 성지도사님이 어떻게 아셨는지 벌써 나와서 자기를 기다리고 계셨다.

열성이는 달려들어서 와락 도사님의 품에 안기면서 "스승님, 안녕하셨습니까?"라고 겨우 말하고는, 더는 말을 못 하고 복바치는 감정을 누르지 못하고, 아기처럼 엉엉 소리 내어 울었다.

성지도사는 품 안에서 우는 열성이의 어깨를 토닥이면서 한참을 서 있다가 "참 잘하고 왔다. 정말 장하다. 우리 열성이." 하시고는 그냥 좀 더 기다리다가 열성이가 울음을 그치자 "자, 안으로 들어가자." 하시고, 열성이의 손을 잡고 집 안으로 들어갔다.

마당에 들어가서 열성이는 우물물을 퍼서 한 바가지의 물을 다 마시고 나서, 세수를 하고 얼굴의 물기를 손으로 훔치면서 스승님을 바라보았다. 그는 말에게도 물과 먹을 여물을 주게 하고는 헛간 기둥에 말고삐를 묶었다.

성지도사는 먼저 마루에 올라서면서 "그만 들어가자." 하고 말씀하셨다.

성지도사는 안방에 들어가서 아랫목에 앉으면서 밥상을 끌어당겼다. 열성이는 어깨에 멘 바랑 자루를 내려놓고, 스승님에게 넙죽 엎드리면서 큰절을 하였다. 그리고 엎드려서 "스승님의 크신 은혜를 받아서 이번 알성시에서 장원급제하였습니다. 그리고 거기에 더하여 영광스럽게도 충청도와 전라도의 암행어사를 대왕님으로부터 제수받았습니다. 이제 처음으로 임지로 내려가는 길인데 우선 스승님께 소식을 전해드리고, 제가 꼭 해야 할 일에 대한 가르침을 받기 위하여 이렇게 스승님을 뵙게 되었습니다." 하고 말하였다. 그리고 갑돌이 을똥이를 불러 성지도사님께 절하게 하고는 가지고 온 왕이 하사한 육포, 한과와 건과일 등의 음식을 몇 가지 스승님께 꺼내 놓았다.

성지도사는 "열성아, 우선 밥을 먹으면서 이야기하자꾸나." 하고 말씀하시면서 먼저 수저를 들어서 밥을 먹기 시작하였다. 열성이도 따라서 수저를 들고 질그릇 뚝배기에 밥을 덜어서 먹기 시작하였다. 반찬은 아욱국과 멸치를 넣은 된장찌개가 있었고, 새우젓을 넣은 계란찜, 검은색 된장과 마늘 몇 조각이 접시에 놓여 있었다.

식사하면서 열성이는 궁금했던 집안 일에 대해서 성지도사에게 물어보았다.

"혹시 명암리, 거사리의 저의 집에 대한 소식은 들으신 게 있으신지요?" 하고 마음과 정반대로 아주 천천히 여쭈어 보았다.

그러나 성지도사는 못 들은 척 아무 말도 하지 않으셨다.

열성이는 좀 멋쩍어졌지만 그래도 밥을 거의 다 먹고는 "스승님, 혹시 우리집에 대한 소식을 뭐라도 좀 들으신 것이 있으신지요?" 하고 다시 물었다.

그제야 성지도사는 천천히 물을 마시면서 이야기하였다.

"열성아, 세상일은 대체로 좋은 일이 있으면, 안 좋은 일도 같이 따라오는 법이다." 하고 운을 떼시고는, "정신 차리고 내가 하는 말을 잘 들어라. 내가 처음 너를 제자로 맞아들일 때 너는 꼭 할 일이 있는 사람이라고 하였고, 너희 집의 불여우에 대해서는 뒤에 네가 네 전부를 걸고 힘을 길러야 겨우 대적할 수 있다."고 말했었다.

그런데 "네가 무술과 학문을 연마하는 동안, 그 불여우는 둔갑을 해서 여기저기 다니면서 무수한 백성들을 해코지하였다. 백성들을 처참하게 살해하였고, 그 과정에서 너의 부모님과 형제들도 모두 희생이 되었다. 또한 그 불여우는 남쪽과 북쪽에서 오는 독한 환약을 먹으면서 요술을 익혔고, 지금은 웬만해서는 죽지 않는 요물이 되었다. 또한 남과 북의 마약을 가져온 이방인에게서 둔갑술과 사악한 무술을 한층 더 익혀서, 우리 조선의 최고 암 덩어리가 되었다." 하고 말씀하시고는 한참 말을 끊고 침묵하였다.

한참 후에 성지도사는, "고것은 외부에서 가져온 이상스러운 요술과 무기도 익히고, 환약도 먹으면서 힘을 길러서 이미 조선에서는 이 불여우를 능히 대적할 사람이 거의 없게 되었다. 거기다가 남쪽과 북쪽의 사악한 무리는 저 불여우를 사주하여 이 조선을 없애려고 여러 가지 나쁜 계략을 꾸미고 있단다."

성지도사는 여기서 속이 타는지 찬물을 한 바가지 벌컥벌컥 마시고는 조금 뜸을 들이다가 다시 입을 열었다.

"네가 나에게 올 때만 해도 나는 그 불여우를 간신히 대적할 수 있었다. 물론 승패는 알 수가 없는 상태였다. 그런데 지금은 내가 그 불여우를 대적할 힘이 크게 달린다. 그냥 무작정 달려들어서 싸우면 아마도 내가 패하여 목숨을 부지할 수 없을 것이다. 나의 몸이 많이 쇠했고, 나의 무술도 달리 늘어나지 못했으나, 그 요물은 그동안 사악한 요술을 익혀서 내가 능히 당해내지 못하게 된 것이다. 그러나 너는 네가 익힌 무술로 그 원수를 갚기 위해서 목숨이라도 바쳐서 꼭 이기겠다는 신념만 있으면 그 요망한 불여우를 대적할 수 있다. 그러나 싸움은 밀어붙이는 것만이 능사가 아니다. 때때로 밀고 당기며, 물러서고 되돌아서서 치고 하는 등등의 전술이 필요하다. 거기에 또한 너의 모든 것을 걸어야 겨우 대적할수 있을 것이다. 그러나 네가 불여우와 사생결단을 한다면, 그때 내가 약간의 도움을 줄 수 있을 것이다."

그러면서 성지도사는 속이 타는지 다시 냉수 한 바가지를 마셨다.

그리고 이어서 "음, 음……. 그러니 너는 나라를 구하고, 너의 부모 형제들의 원수를 갚기 위하여 너의 모든 것을 걸고 싸워야 하고, 무엇보다 마음을 단단히 먹기 바란다." 하고 겨우 말하였다.

스승님의 말씀을 듣는 열성이의 얼굴은 눈물범벅이었고 불여우에 대한 결기로 얼굴이 마치 딴사람처럼 보였다.

성지도사는 방구석에 놓여 있는 옷과 서책을 넣어두는 궤를 열어서 비단 보자기로 묶은 것을 꺼냈다. 그리고 천천히 그 안에서 세 개의 작은 비단 주머니 묶음을 꺼내서 열성이에게 건네면서 말했다.

"여기 세 개의 주머니가 있다. 맨 앞의 작은 것은 초록 주머니인데, 네가 불여우와 싸우다가 위급하거든 이 초록 주머니를 꺼내서 불여우에게 던져라. 그러면 거기서 무엇인가가 나와서 너를 도와줄 것이다. 그사이에 너는 다시 힘을 모아서 불여우와 싸워라. 아마도 쉴 틈도 없을 것이다."

성지도사는 거기까지 이야기하고는 잠시 숨을 깊이 들이마시면서 사이를 두었다.

그리고 부엌으로 들어가서 호리병 하나를 들고나오더니, 작은 표주박에다 술을 따라서 한잔 마셨다. 겉으로 보기에도 성지도사는 무척 갈증이 심한 듯이 보였다. 그러더니 다시 표주박에 술을 따라서 이번에는 열성이에게 건넸다.

"너도 마음이 황망하고 불안할 것이니 이 술을 좀 마셔라. 그러면 조금은 위안이 될 것이다."

성지도사는 표주박의 술을 건네면서 말씀하셨다.

열성이는 사양하려다가 그냥 스승님이 권하는 대로 표주박의 술을 받아서 뒤로 돌아서 마셨다. 그랬더니 마음이 약간 평안해지고 여유가 조금은 느껴졌다. 그 술은 약효가 신비한 술이었다. 열성이는 다시 술을 따라 스승에게 건넸다.

성지도사는 이번에는 술을 받아만 놓고 마시진 않고는 말을 이어갔다.

"그래도 네가 불여우를 당하기 어렵고 위험해지면, 두 번째 푸른 주머니를 풀어서 여우에게 던져라. 이번에도 거기서 무엇인가가 나와서 너를 도울 것이다." 하고 말하면서 답답한지 깊은숨을 들이쉬면서 따라놓은 술을 마셨다. 그리고는 "어쩌면 이번에는 네가 이길지도 모르겠다. 그러나 여하튼 목숨을 걸고 싸우지 않으면 이길 수 없다는 것을 명심하기 바란다." 하시고는 다시 길게 한숨을 내쉬었다.

"그렇게 네가 목숨을 걸고 열심히 싸워도 그 불여우를 이기지 못하고 다시 위험해지면 세 번째 빨간 주머니를 풀어서 던져라. 그리고는 바로 나를 큰 소리로 불러라. 그러면 내가 너를 응원하는 소리를 내서 너를 도울 것이다."

성지도사는 이렇게 말하면서 다시 찬물 한 바가지를 마셨다.

열성이는 일어나서 성지도사에게 다시 큰절을 하였다. 그리고 "스승님의 바다 같이 넓고 깊은 은혜를 입었으니, 반드시 불여우를 쳐 없애겠습니다. 그래야 부모 형제들의 원수도 갚을 수 있겠지요. 그리고 나아가서는 불여우와 사악한 무리가 이 지역에서 꾸미는 무서운 흉계를 쳐부술 수도 있겠지요. 또한 그렇게 해야 우리 대왕님의 명령을 수행하는 것이 되겠으며, 나라를 구할 수도 있겠구요. 나라의 걱정을 없애고 백성들이 편안하게 살 수 있게 하는 것이 되겠습니다." 하고 말하면서 엎드려서 하염없이 눈물을 흘렸다.

성지도사는 아무 말도 하지 않고 그냥 열성이의 등을 다정하게 쓸어주고 있었다.

한동안 엎드려 울던 열성이는 세 개의 주머니를 챙겨서 품속에 잘 간직하고는 밥을 먹은 상을 들고 나가서 우물가에 놓고 설거지를 하였다. 성지도사도 나와서 같이 설거지를 하면서 빙긋이 미소를 지으면서, 남은 음식과 내일 아침에 먹을 것을 챙겼다. 그 음식을 담은 소쿠리를 빨랫줄에 매달아 둔 큰 광주리 속에 넣고 밥상보를 덮어서 잘 보관하였다. 이렇게 하면 음식이 쉽게 상하지 않고, 좀 오래 견디게 된다. 오랜만에 스승과 제자가 함께 일을 하면서, 정다운 눈길을 서로 주고받았다.

그리고 스승과 제자는 마루에 걸터앉아서 여러 가지 이야기를 주고받았다. 대체로 북쪽과 남쪽의 국경을 괴롭히는 적들에 대해 걱정하는 이야기들을 하고, 그들을 막을 방법에 대해서 서로 이야기하였다. '그들을 막지 못하면 결국 나라가 위태로워지고, 백성들의 생활이 토탄에 빠지게 된다.'는 데 의견이 일치하였다.

또한 한양 양반들의 생활이 아주 나태하고, 일상에서 일탈하는 경우를 열성이는 열을 올려서 스승님께 이야기하였다. 그런 부패한 생활 역시 절제하지 않으면 결국 백성들을 더욱 어렵게 하고, 나라를 약하게 하는 아편이나 도박과 같은 것이라고 두 사람은 공통으로 생각하였다.

또한 장사꾼들이 거래하는 물건과 규모를 대략 이야기하였다. 날로 국가의 살림살이는 커지는 것으로 보이나, 거기도 여러 가지 문제가 많음을 이야기하였다. 양반들이 몰래 특정 상품들을 매점매석하거나 규모가 큰

도가와 연계하고 담합하여 소상공인들이 견디지 못하도록 가격과 수량을 마음대로 조절하여 결국은 농민과 소상인들이 자기의 업을 포기하는 사태가 많다는 것이다. 또한, 물건을 제조하는 장인들도 권문세가들의 압력과 착취로 물건을 만들지 않는 것이 나을 정도였다. 결국 약한 백성들의 재산은 차츰 권문세가의 재산으로 병합되어 들어가서 빈부의 차가 크다는 것 등이었다.

또한 양반들이 상민들을 괴롭히는 토지 겸병과 악랄한 조세 수탈이 어려운 백성들의 희망을 짓밟고, 못살게 착취하고 구속하여 수많은 백성은 억울함을 풀지 못하고 결국은 산속으로 도망하거나, 여기저기 떠돌아다니는 부랑자나 비렁뱅이가 되고 마는 경우가 헤아릴 수 없이 많음을 이야기하였다.

그리고 그런 폐단을 막을 방법을 논의하였는데, 결국은 우월한 지위와 특권을 가진 양반들이 정말로 자기네의 권리를 내려놓고, 불쌍한 백성들이 살아갈 수 있도록 정직하게 도와주는 방법 이외는 해결책이 없다는 데 의견이 일치했다.

그러다가 밤이 이슥하게 되어서 열성이는 윗방에, 성지도사는 아랫방에서 잠을 자게 되었다. 열성이는 오랜만에 편한 잠을 푹 잤다. 이튿날 아침 열성이는 일찍 잠이 깨어서 일어났다. 세수하러 우물가로 나가보니 벌써 성지도사는 일어나서 부엌에서 먹을 것을 조리하고 있었다. 열성이는 세수를 하고 얼른 부엌으로 들어가서 스승님이 하시는 일을 도와서 아침

식사를 준비하고, 어제 빨랫줄에 매달아 두었던 밥과 반찬도 꺼내서 밥상 위에 차려 놓았다.

그리고는 말에게도 물과 여물을 많이 주게 해서 배가 부르게 먹게 하였다. 오늘은 말도 험하고 먼 길을 위험을 무릅쓰고 뛰어야 하기 때문이다. 그리고 이어서 밥상을 들고 안방으로 들어가서 스승과 같이 겸상하여 아침밥을 먹었다. 입맛이 하나도 없어서 음식에서 쓴맛이 났지만, 오늘 할 일이 중대한 일이라서 천천히 씹어서 밥을 먹었다. 처음에는 맛이 없었지만, 차츰차츰 밥맛이 돌아와서 한 그릇을 다 먹고는, 밥을 더 덜어서 된장국에 말아서 먹었다.

열성이는 아침을 다 먹고 밥상을 들고 나가서 우물가에서 빈 그릇들을 씻어 시렁 위에 엎어놓고 설거지를 끝냈다. 그리고 남은 밥과 반찬을 다시 빨랫줄에 매단 채반 위에 놓고 밥상보로 덮어두었다. 이제 출발해도 될 만큼 모든 준비를 끝냈다.

자루에 넣었던 여러 가지 서류와 암행어사 신표와 책 등을 추려서 짐을 가볍게 하고 출발하려고 하니, 성지도사도 떠날 준비를 하고는 열성이의 짐을 일부는 챙겨서 들고 일부는 수행하는 갑돌이와 을똥이 및 역졸에게 건넸다.

일찍 출발한 덕에 새때가 되기 전에 열성이는 개태사 앞에 도착해서 모든 인원을 점검하고 명을 내렸다. 민간인 차림으로 차리고 병장기는 모두 잘 감추고 대둔산 기슭까지 이동하게 하였고, 우선 천천히 이동해서 명암리, 거사리 부근에 도착하였다. 거기서 수행하는 역졸과 병사들 수를 늘려서 점검하고는 자기와 조금 떨어지게 한 후에 숲과 산 계곡 속에 숨어서 따라오게 명하였다. 그리고 성지도사와 열성이는 세 명의 수행원과 갑돌이와 을똥이만 데리고 앞장서서 길을 갔다.

6. 암행어사 출도, 암 덩어리 제거

이윽고 열성이는 꿈에도 그리던 자기 집의 대문 앞에 섰다. 그런데 대문인지 산기슭인지 구별이 안 될 정도로 잡초가 무성하였다. 열성이는 성지도사와 얼굴을 마주 보고는 심호흡을 하였다. 그리고 천천히 대문을 밀고 안으로 들어갔고 성지도사는 옆길로 비켜섰다. 그런데 마당에도 길가와 마찬가지로 잡초가 허리까지 자라서 사람이 살지 않는 듯 황폐했다. 다만 마당의 한 가운데로 길이 났고, 그 길은 안채로 연결이 되어 있었다. 열성이는 조심스럽게 걸어서 안채 앞에 서서 "어머니, 아버지, 저 열성이 왔어요." 하고 아무것도 모르는 체 목소리를 높여서 말했다. 그랬더니 방안이 아니고 집 뒤에서 정옥분이 놀란 눈을 뜨고 빠른 걸음으로 뛰어나왔다.

"아이고 오라버니, 정말 오랜만이네요. 아직 살아계셨군요." 하고 말하면서 이내 눈물을 뚝뚝 떨어뜨리면서 울었다. 그리고는 바로 눈물을 닦고는 얼굴에 교태를 띄면서 "점심때가 훨씬 지났는데 오라버니 시장하시지요?" 하고 말하면서 열성이의 손을 잡으려고 하였다. 열성이는 소스라치게 놀랐지만, 그 당황함을 감추고 아무것도 모르는 척하고 한 발짝 물러나며 손을 뒤로 뺐다.

그리고는 이내 아주 부끄러운 듯이 어색한 표정을 지으면서 "아니, 연산에서 좀 먹고 왔어요." 하고 어색하게 대답하였다.

그랬더니 정옥분이는 "조금만 마루에 앉아 계세요. 바로 밥상을 차릴테니까요." 하고는 부엌으로 들어가는 것이었다.

열성이는 오랜만에 마루에 앉으려고 하다가 깜짝 놀랐다. 마루 위가 온통 먼지투성이이고, 알 수 없는 동물의 털들이 널려있어서 앉기가 싫었다. 그렇지만 불여우인 정옥분이 어떻게 나오는지를 보기 위해서 마루에 앉아야 했다. 그래서 입으로 먼지 덩이를 "후, 후" 하고 불어내고는 마루끝에 겨우 엉덩이를 걸치게 앉아서 찬찬히 집안을 돌아보았다.

헛간에도 나무가 하나도 없고 온통 쓰레기더미만 널려있었고, 소 외양간에도 온통 잡초더미만 쌓여 있었다. 소는 한 마리도 없었으며, 닭장에도 닭이 한 마리도 없이 텅 비어있었다. 헛간에 딸린 뒷간도 문이 떨어져 기울어진 채로 흔들거렸다.

방안을 들여다보려고 하니 문이 걸려 있어서 열지 못하고 뚫어진 문구멍을 통해서 살펴보았다. 방안에도 옷가지며, 이부자리랑 방석 등이 어지럽게 널려있었고, 그 위에도 먼지가 뽀얗게 쌓여 있었다. 오랫동안 사용하지 않았다는 증거였다. 집은 거의 폐가나 다름없었는데 단지 건물은 튼튼하게 지어서 다른 집과 달리 뼈대가 그대로 잘 보존되어 서 있는 것이 다른 점이었다.

조금 지났더니 정옥분이 밥상을 차려서 부엌에서 들고 나왔다. 그리고는 열성이 앞에 밥상을 놓고는 우물에 가서 물을 떠서 사기 대접에 담아서 열성이 옆에 놓았다.

열성이는 "옥분이 같이 점심을 먹자."라고 말하였더니, 정옥분은 "아니, 저는 좀 전에 많이 먹었으니 오라버니나 많이 드세요." 하고 사양하였다.

열성이가 수저를 들어서 밥을 조금 떠서 입에 넣고 반찬을 먹으려고 하면서 나물 그릇을 보니, 거기에는 사람의 손가락과 발가락이 잘려서 돈나물과 같이 버무려져 있었다. 결국 밥을 먹을 수가 없어서 그냥 먹는 시늉만을 하였다.

그리고는 여기서 빠져나갈 궁리를 하면서 "어디 근처에 배추, 상추, 근대 같은 푸성귀는 심지 않았나요?" 하고 물었다.

그랬더니 정옥분은 "요 앞의 텃밭에 조금 심었으니 내가 빨리 가서 뜯어올 테니 밥을 천천히 드세요." 하면서 대문 밖으로 나갔다.

열성이는 이것이 기회라고 생각하고 얼른 말고삐를 풀어서 말에 타고는 재빠르게 밖으로 달려나갔다. 한참을 달리다 뒤를 보니 바로 정옥분이 자기를 쫓아서 달려오고 있었다.

그런데 그 거리가 차츰 멀어져 떨어지게 되자, 정옥분은 재주를 한 번 넘었다. 그랬더니 정옥분의 모습은 온데간데없어지고, 시뻘건 털이 덮인 송아지만 한 불여우가 되어서 나는 듯이 열성이를 향해 달려오기 시작하였는데, 그 속도는 말이 달리는 것보다도 훨씬 더 빨랐다.

이 불여우의 뛰는 속도는 발이 땅에 닿지 않는 듯, 나는 듯한 모양으로 비호같이 빠르게 달려오고 있었다. 열성이는 말에 채찍질을 더하여서 더 빨리 달리게 하였지만 둘 사이의 거리는 차츰 더 좁혀졌다.

그러다가 결국 불여우와 열성이의 거리는 아주 가까워져서 곧 따라 잡히게 되었다. 절대적인 위기였다. 열성이는 뒤로 돌아서 지팡이에서 칼을 꺼내서 불여우를 내리쳤다. 불여우는 껑충껑충 뛰어오르면서 피하고, 또 달려들고 하여서 이내 열성이의 힘이 부치게 되었다.

열성이는 다시 돌아서서 도망치기 위해서 달리는데 불여우는 한 번 뛰어오르면 20보는 나는 듯하였고, 그래서 곧 잡힐 듯하였다. 열성이는 절망하면서 "어머니!" 하고 속으로 부르다가 문득 성지도사가 위급하면 꺼내 보라고 하며 준 주머니가 생각났다. 그래서 얼른 조끼의 호주머니 속에서 주머니 묶음을 꺼냈다. 맨 처음은 초록색 주머니를 던지라고 하셨으므로 셋 중에서 초록색 주머니를 꺼내 들고 나머지는 다시 조끼 주머니에 넣었다. 뒤를 돌아보니 바로 등 뒤에서 불여우가 앞발로 말의 엉덩이를 잡으려고 하는 찰나였다.

열성이는 얼른 초록색 주머니를 불여우를 향하여 던졌다. 그랬더니 불여우는, "캥캥, 캐갱캥" 하고 비명 같은 울음소리를 내면서 뒤로 자빠졌다. 그 순간 말의 뒤에는 가시덤불 울타리가 생겨나더니 금방 자라서 하늘 높이 올라갔고, 그 울타리는 만리장성처럼 길게 뻗었다. 그 울타리 나무의 가시에 불여우가 찔리자 계속 비명을 질렀다. "캥캥캥, 캥캥캥" 하고 불여우는 비명을 지르면서 주저앉았다.

그제야 열성이는 숨을 돌리고 중국의 진시황이 쌓은 만리장성보다 더 높이 올라가는 가시 울타리를 보며 새삼스레 스승님의 은혜에 감사하면서, 말 위에서 북쪽을 향하여 고개를 숙여서 절하였다. 그리고 "스승님,

감사합니다. 감사합니다." 하고 외쳤다.

그리고 다시 말머리를 돌려서 남쪽 은진 쪽으로 몇 걸음을 옮기는데, 다시 여우가 "캥캥캥, 캥캥캥" 하면서 울었다. 뒤를 돌아보니 그 높은 가시 울타리에 뛰어올라서 매달리고는 기어서 넘어오고 있었다. 험한 가시에 찔리면 "캥캥캥" 하고 울면서도 악착같이 울타리를 오르고 있었다.

열성이는 '아뿔싸! 저것이 울타리를 넘어오면 금방 잡힐 수 있는데……, 어서 도망가자.' 하며 다시 말에 채찍을 가하면서 달렸다. 그런데 얼마 가지 못해서 뒤가 궁금하여 다시 뒤를 돌아보니 불여우가 어느새 말의 꽁무니에 와 있었고, 말은 여우를 향해서 뒷발질을 하느라고 제대로 달리질 못하였다.

금방 잡힐 것 같은 위기가 되자 열성이는 다시 칼을 휘둘렀다. 그러나 불여우는 아주 쉽게 피하면서 달려들었다. 열성이는 활에 화살을 걸어서 힘있게 쏘았다. 화살은 여우의 머리통을 향해서 날아갔는데, 불여우가 피하면서 앞다리에 맞았다. 여우는 입으로 화살을 뽑아 버리고, 아가리를 크게 벌리면서 달려들었다. 또다시 위험해져서 열성이는 두 번째 푸른 주머니를 꺼내 들고 불여우의 앞발이 말꼬리에 닿는 순간 파란 주머니를 불여우를 향하여 던졌다.

그러자 불여우가 다시 "캥캥캥, 캥캥캥" 하고 비명을 지르면서 뒤로 나가떨어졌다. 그리고 그 순간 여우의 앞에는 어마어마하게 넓고 깊은 호수와 강물이 도도하게 넘실거렸다. 마치 바다와 같이 파도치면서 물결이 넘실거렸다. 열성이는 파도치는 넓고 깊은 호수를 보며 잠시 휴식을 취하면서 가슴을 쓸어내렸다.

그러나 그런 평온한 마음도 잠시뿐이고, 열성이가 보니 무엇인가 조그만 것이 물결을 가르면서 호수를 건너오고 있었다. 그것이 무엇인지를 한참 동안 바라보고 나서야 아연실색하였다.

그 넓고 깊은 호수 강물을 헤치면서 건너오는 것은 다름 아닌 불여우였다. 물속에 잠겼다가 공중으로 솟아오르면서 헤엄을 치는 모양은 마치 돌고래가 재주를 넘기 위해서 하늘로 솟구치는 모양같았다.

열성이는 더는 보고 있을 수가 없어서 얼른 말머리를 돌려서 은진의 관

논산시 은진면 반야산 관촉사의 은진 미륵보살 불상. 국내 최대의 석조 미륵불상으로 고려 시대의 불상(입상)이다(968년). 높이 18.2m, 둘레 9.9m로 고려 전기 광종 때 혜명대사가 관촉사와 은진 미륵을 세워 창건하였다. 은진미륵은 국보 323호이다. [26]

촉사 쪽으로 달리기 시작하였다. 한참 달리다가 뒤를 돌아보니 벌써 다시 불여우가 몇 발짝 뒤까지 쫓아와 있었다. 또다시 아슬아슬한 절체절명의

....

26) 고려 광종 때 한 아낙이 반야산에서 아기 우는 소리가 나서 가보니 큰 돌이 튀어 올랐다. 조정에서 신령한 돌이라고 해서 불상을 만들기로 하였다. 그 명에 따라서 혜명대사가 석공 100명과 37년간 작업을 하여서 불상을 세 부분으로 조각하여 만들었다. 그러나 그 조각한 불상을 세울 방법이 없었다. 고민하는 중에 어느 날 어린이 둘이 강가의 모래 밭에서 놀이를 하고 있었는데 작은 불상 아랫부분을 먼저 세우고, 옆으로 모래를 쌓아 올린 다음에 가운데 부분을 밀어 올려서 세웠다. 그리고 다시 모래를 더 높이 쌓아 올린 다음에 머리 부분을 올렸다. 이를 본 혜명대사는 아이들이 했던 그대로 모래를 쌓아 올려서 불상을 세울 수 있었고, 거기에 관촉사를 세웠다. 부처님이 아이들 놀이를 통해서 불상 세우는 법을 알려주신 것이었다.

위기가 온 것이다. 바로 불여우의 앞발톱이 말과 열성이를 향하여 휘두르며 내려치는 순간이었다.

열성이는 다시 활을 쏘고, 칼을 휘두르고 했지만, 불여우는 잘도 피하면서 달려들었다. 싸우다가 힘에 부친 열성이는 다시 주머니를 꺼냈다. 이제 주머니는 하나가 남았고, 그 주머니를 쓸 때는 스승인 성지도사를 부르라고 하였음을 머릿속에 상기하였다. 그래서 주머니를 들고 좀 머뭇거리고 있는데, 그 사이에 불여우가 열성이를 향하여 뛰어오르며 입을 쩍 벌리고 새빨간 혀를 날름거리면서, 높은 공중에서 열성이를 향하여 매처럼 아래로 하강하면서 달려들고 있었다.

이제 바야흐로 여우의 이빨에 열성이가 물리게 될 위험한 찰나였다. 열성이는 "스승니임!" 하고 큰소리로 외치면서 동시에 빨간 주머니를 던졌다. 그러자 큰 나무 뒤에서 성지도사가 뛰어나오면서 "열성아! 고개를 숙여라!" 하고 큰소리로 외치면서 긴 부채를 흔들었다. 그러자 "휘이익, 휘획획" 하고 큰바람 소리와 함께 아주 센 바람이 불어왔다.

열성이는 얼른 고개를 숙이면서 여우를 보았다. 그 순간, 마치 휘발유를 끼얹은 듯이 갑자기 불길이 "펑!" 하고 주머니 속에서 솟아올랐고, 거세게 불어오는 바람에 실린 맹렬한 불길은 크게 넘실넘실 타오르면서 불여우를 삼켜버렸다.

눈 깜짝할 순간에 불길은 TNT 폭탄이 터지듯이 연이어 폭발하면서 "쾅쾅쾅, 쾅쾅쾅, 쾅쾅쾅" 하고 천둥 치는 소리 같이 천지를 뒤흔들었다. 또

한 동시에 "휘이익, 찌지직, 쾅광쾅" 하고 큰 소리를 내며, 넘실거리는 불길이 여우를 단숨에 뒤덮으면서 불여우를 불태웠다.

"캥캥, 캐갱캥. 캥캥, 캐갱캥" 하고 불여우는 외마디 소리를 지르면서 온통 불에 휩싸여 몇 개의 불덩어리가 하나로 엮어진 듯이 타올랐다. 그런데도 그렇게 불에 훨훨 타는 불덩어리로 된 불여우가 열성이를 향하여 달려들고 있었다.

열성이는 정신을 가다듬어 어깨에 메고 있던 활을 힘껏 당겨서 여우를 향해 쏘았다. 화살은 아주 정확하게 불여우의 오른쪽 눈에 명중하였다. 그런데도 불여우는 왼쪽 눈을 부릅뜨고 열성이를 향하여 날라왔다. 절체절명의 위기에 열성이는 칼을 뽑는데 나무 아래에서 성지도사가 "열성아! 여우를 세로로 쳐라. 머리부터 꼬리 쪽으로" 하고 큰소리로 외쳤다. 성지도사의 외침에 불여우는 흠칫 놀라면서 속도를 줄이고 성지도사를 바라보는 순간, 열성이의 칼이 불여우의 몸뚱이를 거의 세로로 갈라서 쪼개버렸고, 껍데기 가죽만 조금 붙어있었다.

순간적으로 여우의 전신이 두 개의 큰 불덩어리로 갈라지면서 달려드는 힘이 없어졌고, 성지도사가 부채로 불덩어리를 부치자 여러 덩어리의 털이 크고 작은 불똥이 되어서 우수수 떨어지면서 바람에 날렸다.

만일에 그냥 가로로 여우를 쳤으면 머리 부분이 살아서 열성이에게 달려들 수 있었기에, 성지도사가 미리 알려주어 여우를 세로로 쳐 죽일 수 있어서 불행을 막은 것이다.

"캥캥캥!" 하고 불여우는 들릴까 말까 하는 가냘픈 소리로 외마디 비명을 지르면서 땅에 떨어지는 찰나에 온몸의 털이 거의 다 타버렸다. 그래서 검붉은 살점만 드러난 살덩어리 두 개가 "쿵! 쿵!" 하고 땅에 떨어졌다. 그리고는 사지를 파르르 떨면서 발길질을 사납게 하였다. 땅을 발로 파면서 마지막 단말마적인 소리를 지르면서 한참 동안 발길질을 하였다. 그 바람에 여우의 발톱이 땅을 깊이깊이 팠다. 그 판 자리에 물이 고였고, 그것이 지금의 논산 탑정호의 바닥 자리가 되었다.

열성이는 말을 몰아서 불여우가 쓰러진 곳으로 달려갔다. 벌겋게 맨살

탑정호 수문과 방수로. 1944년에 준공된 것으로 알려진 탑정호는 댐과 같은 수문을 가진 거대한 저수지 댐이다. 여기서 물을 흘려보내서 넓은 논산평야(현지에서는 논미 갱경 평야라고 한다)에서 수많은 농가가 물 걱정 없이 농사를 지을 수 있다.

이 드러난 불여우는 숨을 거두고 죽어가고 있었다. 그런데 여우 털에 불이 붙어 타면서 털 뭉치가 뭉텅뭉텅 여기저기로 바람에 날려서 떨어졌고, 그 바람에 옆 산의 가시덤불 곳곳으로 불이 옮겨붙으면서 맹렬히 타올랐다. 마치 도깨비불이 일어나듯 동시에 여기저기서 타오르면서 산 전체를 태울 듯이 퍼지고 있었다.

여우는 마지막으로 다시 한 길은 더 높이 공중으로 튀어 올랐다가 떨어지더니 사지를 쭉 뻗었다. 그리고 양쪽 뒷다리를 쭉 뻗고 바르르 떨더니, 더는 움직이지 못하였다.

그런데 여태까지 쥐 죽은 듯이 조용했던 그 가시덤불 속이 갑자기 시끄러워지면서 여러 사람이 이상한 차림새를 하고는 손에 칼과 창을 쥐고 불길을 피해서 열성이 쪽으로 튀어나왔다. 낮은 산의 여러 숲과 수풀에 숨어있었던 자들이 맹렬한 불길에 더는 견디지 못하고 숲 밖으로 튀어나온 것이다.

나무 그늘에 서 있던 성지도사가 지팡이로 그 자들을 가리키면서 "저놈들을 당장 잡아라!" 하고 소리쳤고, 그 말에 호응하여 열성이는 "암행어사 출도야!" 하고 소리치고는, "모두 무엇 하느냐? 저놈들을 모두 묶어라!" 하고 명령을 내렸다. 조금 앞에 서서 구경하던 서리 역졸들이 "암행어사 출도야!" 소리에 맞춰서 일제히 뛰어 들어오면서 어쩔 줄 몰라 하는 이상한 자들을 모두 포박하여 꿇어 앉혔다.

자세히 보니 많은 쪽은 스무 명쯤 되어 보였는데, 옷은 천으로 대충 중

연산의 대장간. 연산은 많은 농경지에 벼와 특용작물을 많이 재배한다. 벼는 물론이고 대추와 감, 밤, 약초, 딸기 등을 많이 재배하여서 괭이나 삽, 낫이나 호미 등의 농기구가 많이 소용되었다. 그래서 아직도 재래식 대장간이 잘 운영되고 있다.

요 부위만 두르듯이 감고, 키는 작은 사람들이 모두 칼을 들고 활을 메고 있었다. 다른 쪽은 열댓 명쯤 되어 보이는데 둥글넓적한 누런 얼굴에 코가 납작하였고, 눈은 찢어져 양쪽으로 올라갔다. 그들은 대부분이 짐승 털로 만든 모자를 쓰고 있었고, 키는 큰 편이었다. 그들도 모두 창과 활 등 크고 작은 여러 병장기를 가지고 있었다.

열성이가 그들에게 먹을 물을 내주게 하고, 키가 크고 옷도 제대로 입은 자를 불러서 묶은 줄을 풀어주고 물을 마시게 하면서 "너희는 뭐 하는 사람들인가?" 하고 물었다.

그는 처음에는 그냥 멍청한 양 엉뚱한 딴소리로 횡설수설(橫說竪說)하였고, 대충 그 말을 종합하면 "사냥하러 왔다."고 하였다.

그러자 열성이가 큰 소리고 추궁하기를 "높은 계룡산이나 대둔산이 있는데도 이렇게 낮은 구릉에 숨어서 사냥한다는 것이 말이 되느냐? 솔직히 말하면 목숨만은 살려 주겠다. 그러나 속임이 있으면 전원 죽임을 당할 것이다. 너희는 무엇을 하고 있었느냐?" 하고, 한편으로는 달래고 다른 한편으로는 겁을 주면서 엄하게 다그쳤더니, 그가 결국 입을 열었다.

"저희는 이 부근에서 사냥하는 체하면서 상황을 살피는 사람들이고, 본부의 무리는 대둔산 자락에 있사옵니다."라고 사실을 고하였다. 이쪽에서 불여우가 상황을 판단하여 알려주면, 자기네가 본부에 연락을 보낸다고 하였다. 말하자면 이곳은 조선의 전라도와 충청도 변경의 구석진 오지에 걸쳐있는 지역으로 밖으로 소문이 잘 나지 않는 곳인데, 여기서 세력을 조성하며 숨어 산다고 하였다. 그러다가 가을철 추수기에 쌀을 모아서 일본과 만주로 각각 가져가는 역할을 담당하는 일본과 만주족의 군대라고 하였다.

그런데 조선 조정에서 엄하게 쌀을 통제하고 있어서 쌀의 반출이 어렵게 되자, 불여우가 불안을 조성하고, 관군과 민간인들 사이를 교란시키며, 사회가 좀 더 어지러울 때를 기다린다고 하였다. 그들은 말하자면 어려운 때에 한층 사회를 어지럽게 하면서 틈을 보아서 쌀을 수탈하여 각각 자기네 나라로 가져가기로 하는 계략을 꾸미고 실행하는 중이었다. 여기서 숨어서 때때로 불여우와 합동 작전으로 백성들을 괴롭히고 재물을 약탈하며 겁을 주는 활동을 하고 있었다.

그리고 이곳은 불여우가 "못사는 백성들을 더욱 윽박질러서 어려움 속으로 몰아넣고, 제 맘대로 이 지역을 다스리려고 하는 계략을 꾸미고 있었다."고 그간의 모든 일을 자복하였다.

한편 그들은 불여우의 실력을 빌어서 이 지역을 자기네 편으로 휩쓸어 넣으려고 선심도 쓰고 노략질도 해왔었다. 말하자면 공동으로 백성들의 재물을 착취하는 산적이나 해적이 하는 일을 수행하는 중이었다.

열성이는 그 일본 놈들과 만주 뙤국 놈들을 모두 잡아서 연산현에 가두게 하고, 이어서 진산군에 연락하여서 관졸들을 동원하게 하고, 다른 한편 충청도 관찰사에게 연락하여 공주에서 관군을 파견하게 하면서, 전라도 관찰사에게도 연락하여 여차하면 한걸음에 달려오도록 대둔산에 인접한 고산현에 상당한 관군을 집결시켜서 농사군 차림을 하고 대기하게 하였다.

열성이는 스승과 같이 다시 공주부와 전주부의 관군을 이끌고 대둔산 골짜기로 가서 숨어 있던 일본 놈들과 만주의 뙤국 놈들을 모두 잡아서 모반을 기획하는 불온한 세력으로 처리하였다. 그 수는 일본인이 200여 명, 만주 뙤국인은 150여 명이나 되었다. 그들을 일본인은 전주부로, 만주 뙤국인은 공주부로 각각 관군이 책임을 지고 압송하게 하였다.

열성이는 수배를 마치자 도망해 왔던 길을 스승인 성지도사와 같이 다시 말을 타고 되돌아갔다. 고향의 마을로 들어가서 자세히 보니 마을의 집들은 온통 헐고 떨어져서 폐가가 된 집들이 대부분으로 그냥은 도저히 살 수 없었다. 그래서 열성이는 촌의 주민들과 상의하여 마을 전체를 고치기로 하였다.

열성이가 부모 형제들의 안부를 수소문하였더니 이웃 마을에서 찾아온 노인들이 하는 말인즉, 부모 형제 모두 여우 밥이 되어서 불귀의 몸이 되었다고 하는 비참한 말만 들었다.

그래도 열성이는 마을 사람들의 뼈와 머리털을 모아서 산소를 만들고, 거기에 술과 안주를 올려서 합동으로 제사를 지냈고, 억울하게 죽은 원혼의 한을 달랬다. 그리고 연산현의 재물을 풀어서 새로이 생활을 시작하는 불쌍한 촌로들에게 한 달 먹을 식량으로 쌀을 한 자루씩 나누어 주었다.

이곳은 본래 백제의 계백장군이 5,000명 결사대를 이끌고 신라군 5만에 대항하여 싸운 곳이다. 즉 그 싸움에서 오천의 결사대 모두가 전사한 '황산벌'이라는 장소가 여기이다. 그래서 이곳은 원통하게 죽은 원혼들이 많이 떠도는 원한이 서린 장소였다. 열성이는 떠도는 원혼들을 달래기 위해서 성대하게 제사를 지내고, 혹시라도 어려운 백성들을 원혼들이 괴롭히지 않도록 천지신명께 빌고 또 빌었다. 그리고 음식을 많이 장만하여서 어려운 생활을 하는 산골의 백성들에게 나누어주면서 위로하였다.

어떤 장소의 흉흉한 민심과 불온한 기운이 있으면 그 원인을 제거하고,

백성들을 달래서 국가에 감사하며, 잘살게 하는 것은 암행어사나 지방 행정관들의 중요한 임무이다. 즉 이곳 황산벌이라는 특정 장소에서 살아가는 일반 백성들이 어려움이 없이 충실히 일상생활을 할 수 있도록 여건을 만들어 주어서 늘 나라에 감사하며 살게 하는 것은 암행어사의 중요 책무 중 하나였다.

멀리 피난하고, 도망가고, 숨었던 마을의 여러 사람도 소문을 듣고 차츰 돌아와서 다시 마을을 꾸리고 힘을 합하여 복구 작업을 하였다. 모두가 함께 명암리와 거사리의 길을 다시 다듬고, 집들을 다시 일으켜 세웠

황산벌 계백장군 최후 전적지 표시비. 본래 황산이란 이곳 연산의 이름은 왕건이 여기에서 후백제의 견훤을 격파하고 전국이 연결되는 산이란 뜻으로 '연산(連山)'이라고 하였다. 개태사와 같이 평화를 상징하는 연산의 장소이기도 하다.

다. 그리고 모두가 하나가 되어 서로 도우면서 살아가기로 굳게 맹세하였다.

마을을 다시 세워서 사람이 살 수 있게 하는 일이 끝나자, 열성이는 그동안의 일을 자세히 서면으로 작성하여 왕에게 보고서를 올렸다.

열성이가 올린 모든 보고서를 친히 읽은 왕은 아주 기뻐하면서 공주를 열성이에게 시집가게 하여 열성이를 부마로 삼겠다고 하였다. 열성이는 몇 번을 사양하다가 거스를 수 없어서 왕명을 따랐다.

그리고 모든 일에 양보하고, 백성들의 어려움을 보살피면서 정성껏 일하였다. 또한 국가를 위하여 배운 학문과 무술을 다 동원하여 현장을 살펴서 억울한 백성이 없도록 노력하였다. 또한 왕을 대신하여 나라의 어려움을 해결하고, 백성들의 삶을 윤택하게 하는 재상이 되어서 모두 잘 살수 있게 노력하였다.

그러면서도 그는 늘 겸손하게 자기를 낮추고 욕심을 버리는 삶을 유지하였다. 또한 공주와의 사이에 1남 1녀의 자녀를 두어서 행복하게 살았다.

우리나라 최초로 1886년에 정부가 전동에 세운 '관립 근대식 교육 기관' 육영공원. 우리가 서양 학문을 배우기 시작하게 한 교육 기관으로 헐버트(Hulbert) 등이 영어로 강의하였고 영어, 수학, 과학, 지리, 역사, 국제법, 경제학 등을 영어책으로 교육한 곳이 이 '육영공원'이다. 성균관과는 전혀 다른 교육내용이 교육되었고, 따라서 아주 중요한 장소이다. 이곳 역시 근대식 관리를 양성하기 위한 기관이었다. 볼로냐 대학의 설립시기(1088년)와 비교해 보자.

이 동화와 관련된 교육에 관한 몇 가지 사항을 싣는다.

성균관은 근세조선을 지탱하게 하는 정신적인 지주로 유교의 '인(仁, 어짊)과 중용(中庸, 어느 한 편으로 치우치지 않음)'을 바탕으로 삼강오륜

(三綱五倫)을 세우고 교육하는 곳이었다. 그래서 절대 왕이 통치하는 가부장적인 봉건사회를 튼튼하게 하려는 교육 내용과 방법이 주로 교육되었다. 따라서 현대 사회의 핵심 개념인 실생활의 질적 윤택, 과학 기술의 합리성, 핵가족 바탕의 가족 사랑 등을 중시하는 현대 교육에는 맞지 않는 공허한 내용도 많았다.

공자(孔子)가 살았던 중국만 해도 중앙의 국가나 왕이 여러 번 망하고 뒤집혀 지고, 다른 세력에 의해 다시 세워졌고, 그 과정에서 국가의 지배 계층이나 사회계층 상의 최상위 엘리트층이 몰락하고, 정치 · 경제 · 사회가 완전히 혁명적으로 개혁되는 일이 아주 많았다. 그러나 우리나라는 고려와 근세조선으로 약 1,000년 동안 지배나 신분 계층 구조가 별로 바뀌지 않았고, 정체된 국가, 사회가 계속 유지되었다. 그래서 성균관 교육의 내용과 방법도 혁신적이지 못하고 체제 유지를 위한 명목뿐인 교육이 계속되었다. 그러니 거기서 양성되는 인재들은 고만고만한 인재들이 대부분으로, 혁신적인 사고를 하는 사람은 별로 없었다.

첫째, 성균관 교육 내용은 유교의 경전인 논어, 맹자, 대학, 중용의 사서와 삼경인 시경, 서경, 역경(주역)의 암기였다. 그래서 선조들은 성균관에서 혁신적으로 나라를 변화시키고, 기득권의 폐해를 혁파하려는 생각보다는 정해진 내용을 암기하여, 주어진 권리를 지키려고 노력하였다. 결국 우리는 세계의 흐름에 뒤처지고, 파벌만이 활개 치는 사회가 되었고, 그런 특성은 현재도 일부 계속되는 상황이다.

둘째, 세계 최초의 근대적인 국공립대학인 볼로냐(Bologna) 대학은 1088년에 세워져서 오랫동안 학문의 용광로로서 연구하고, 나라를 이끌 젊은이들을 육성하면서, 과학 기술 발전을 도모하였다. 그 후 서구 여러 나라의 유명 대학들은 대체로 볼로냐 대학의 체제를 모방하여 대학을 세우고 합리적으로 운영하여, 과학 기술과 예술의 발달을 기하였다. 그러나 우리는 그때 세계의 흐름을 알지 못했고, 성균관에서 행해진 교육도 일상생활의 윤택, 과학 기술발달과는 관련이 없었다. 실생활과 과학에 관련되는 내용은 주로 조선의 하류층인 서자, 하층민들이 조금 배우는 정도였고, 나라의 지도자급은 애써 그런 것을 무시하고 오히려 천시하였다.

셋째, 공자는 제자들을 교육할 때 그래도 문답식 교육을 하여, 그리스의 소크라테스나 플라톤, 아리스토텔레스 등이 썼던 교육 방법을 사용했다. 그러나 우리나라에서는 스승과 제자 사이에 문답식 교육이 거의 실시되지 못했고, 그저 암기가 전부였다. 따라서 혁신적인 생각이나 근본적인 문제의식은 자라날 여지가 없었다.

넷째, 성균관의 교육은 조용하고, 예의 바르고, 순종하는 태도와 정신을 중요시하였다. 그런 면에서 공리공론의 교육에서조차도 혁신적인 교육 방법의 사용을 금했다고도 할 수 있다.

세계적으로 가장 혁신적이라는 이스라엘의 교육 중 정신이나 문화면에서 중요하다고 하는 것은 '후츠파(Chutzpah; 무례하고 공격적인 사람이나 행동 또는 담대하고 용감한 사람 혹은 행동) 정신의 교육'이라고 사람들은 말한다. 후츠파에 대해 이스라엘인들은 "이런저런 사정을 고려하지 않고, 목표를 향해 똑바로 나아간다는 점에서 고집이 세고 무례하며, 소란스러운 태도와 정신의 교육이다. 그래서 이 후츠파 정신과 함께라면 이 세상에 불가능한 일은 없다."라고 생각하고 적극적으로 교육한다.[27)

말하자면 이스라엘의 후츠파 정신 교육은 우리나라의 성균관 교육과는 반대로 실용적으로 직접 도움이 되는 담대한 행동이나 태도를 길러서 이 세상의 어려움을 이기게 하려는 실제적인 교육을 한다고 볼 수 있다.

우리나라는 너무 늦었지만, 다행히 1894년에 관립 교동 초등학교를 세워서 근대 초등교육을 시작했고, 1900년에는 최초로 관립 중등학교(경기 중·고등학교)를 세워서 근대 중등교육을 시작하였다. 이 장소들에서 시행된 초등과 중등교육은 성균관 교육과는 거의 관계가 없는 실용, 과학, 산업기술 등의 교육으로, 현대의 우리나라가 압축적인 성장을 이룩할 수 있도록 밑바탕을 교육하였다.

그 교육은 우리나라의 가부장적인 봉건사회를 혁파하고, 자유 민주적인 현대 사회를 이룩하게 하는 현대 교육의 바탕이자 징검다리 역할을 하였다. 따라서 그런 교육이 이루어진 장소들은 아주 중요한 장소들이고, 우리가 소중히 해야 하는 장소들이다. 그래서 여기서 몇 개의 장소들을 말미에나마 소개하였다.

....

27) 인발 아리엘리(Inbal Arieli, 2019) 지음, 김한슬기 옮김, 2020, ChutzPah 후츠파, 로크미디어, pp. 8-9

우리나라의 최초 관립초등학교의 발상지인 교동초등학교(1894. 09. 18.)의 안내문이 학교의 담장에 붙어있다. 위 사진은 교동초등학교 교문.

우리가 다시 생각해보면, 현대의 한국이 압축적으로 비약적인 성장을 할 수 있었던 바탕은 공교육의 받침 때문이다. 그런데 그 공교육의 시작은 이 북촌의 교동초등학교에서부터 시작되었다. 반드시 기억해야 할 '대한민국 서울 북촌의 근대교육 발상지'의 장소이다.

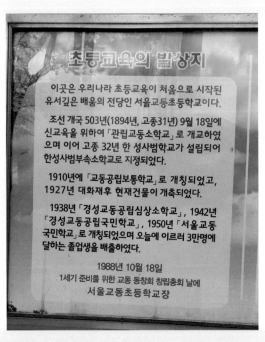

우리나라도 우리나라의 근대화를 이끌기 위해서 관립 교동소학교를 최초로 세우고 교육을 통한 근대화에 노력해 왔다. 오늘날의 번영과 윤택한 생활은 6 · 25 후에 일반 백성들의 인내와 노력 및 그를 뒷받침하는 정부의 교육으로 이루어진 것이다. 이 최초의 관립초등학교는 그 교육을 처음 시작했다는 면에서 중요하다. 여기서의 교육은 성균관의 교육이 아니었다. 실생활에 도움이 되는 근대적인 신교육을 실시하기 위함이었다.

다른 하나의 중요한 장소는 '관립중등교육의 발상지'인 종로구 화동 1번지 북촌 '홍현(紅峴)의 경기고등학교' 자리일 것이다. 경기고등학교의 설립은 근대화를 추진할 산업화 엘리트들이 대규모로 요구되는 조선 말기에, 고급인력을 양성한 자리이다.

이곳은 외국에 뒤떨어져 패망한 나라를 구하기 위해 우리가 발버둥 친 '고차적 노력의 장소'였다. 이 북촌 홍현의 경기고등학교가 위치했던 자리는, 우리나라 관립중등교육의 발상지로서 고급인력을 길러냈다는 면에서 중요하다. 현재는 그 장소를 교육박물관과 도서관으로 보존하고 있는 것도 중요하다. 참 잘한 것이다.

영국인들은 글래스고(Glasgow)의 중앙역 옆 조지광장에 제임스 와트(James Watt, 1736~1819)의 동상을 세워서 그에 의한 증기기관 발명과 그의 발명으로 인해서 성공한 산업 혁명의 공을 모두가 기리고 있다. 그의 덕으로 '영국은 해가 지지 않는 나라'를 만들었던 것이다. 그 뒤로는 '사람들만이 글래스고를 새로 만든다(People make Glasgow).'라는 슬로건을 크게 붙여놓고, 사람들의 혁신 활동과 그 활동에 참여하기를 촉구하고 있다. 세계의 모든 나라 사람들은 '훌륭한 조상들의 공덕을 확실하게 기리고', 거기서 새로운 변화를 끌어내기 위해서 전 구성원들이 노력하고 있다.

홍현의 경기고등학교(현 교육박물관) 자리. 입구 계단

콜럼버스의 관을 메고 가는 에스파냐(스페인)의 왕과 왕자들 동상. 그의 탐험으로 영토가 확장되고 막대한 부를 획득하였고, 그 덕에 에스파냐(스페인)는 무적함대를 운영하면서 유럽 제일의 강국이 되었다. 스페인 왕들은 콜럼버스에 의해서 유럽을 통제하게 되었음을 알았던 것이고, 그래서 왕과 왕자들이 그의 죽음을 애도하는 것이다. 스페인 세비야 성당.

1920년대의 뉴욕, 도쿄, 서울의 경관(도쿄는 긴자 중심부, 서울은 멀리서 찍은 원경). 당시는 이미 일제 강점이 시작된 지 10년이 넘었지만, 서울은 대체로 전통적인 모습이 그대로인 '잠자는 아침의 나라'로 남아 있었다. 그때에 비하여 100년 정도 지난 지금, 서울의 경관 변화는 다른 두 도시를 능가하는 면도 있어서, 우리나라의 큰 변화와 다이내믹(Dynamics)한 사회·경제적인 측면을 확인할 수 있다. 반면 역사와 전통을 지닌 도시 중심부가 많이 훼손되었음을 보이기도 한다. 이에 대해서는 이제부터라도 충분한 검토와 장소 보존을 중요시하는 정책이 필요하다.

이제 '최종적으로 최고 공교육의 장소 사진'을 하나만 더 고른다면, 그 것은 아마도 '서울대학교'의 사진일 것이다. 그들 근대 공교육을 처음 시 작했던 초등·중등·대학교육 장소들의 사진은 다음 편에서 다시 검토하 겠다.

여기까지 읽어준 귀하에게 감사를 표합니다. 귀하가 국가와 민족에 도 움을 주는 따뜻한 인재로 성장하기를 기원합니다. 그렇게 될 것입니다.